KB215225

내가 가장 좋아하고,
기분 좋은 방식으로

취향 육아

이연진 지음

 whale books

어쩌면, 나와 같을 당신에게

산중턱에 앉은 집에 여름이 왔습니다. 창문을 열면 성큼, 숲이 일렁이며 우수수 별 터는 소리가 들리지요. 아이의 얼굴에는 햇살이 빛나고 속눈썹에는 초여름의 순수가 앉습니다. 마냥 여리지도, 뻣뻣하지도 않은 6월의 잎새가 나의 이십 대를 불러옵니다. 노트에 무언가를 쓰려다가도 "세상은 너무 낡았고 모든 것은 이미 쓰였다"던 랭보의 말에 무기력해지던 날들. 소심한 문학도는 천재 시인의 한탄에 공연히 숙연해져 무엇도 쓸 수가 없었습니다.

대신 도서관과 미술관에서 가없는 시간을 보냈습니다. 방앗간처럼 드나들던 프랑스 문화원과 극장들에도 큰 빚을 졌고요. 다른 청춘들처럼 왁자하진 못한 채 늘 무언가를 알아가고, 앓

아내느라 속으로만 바빴습니다. 임용고시 해설서 대신 시집을 읽는 나에게, 최신 드라마를 하나도 모르던 나에게 누군가 "대체 넌 뭐 하고 사니?" 물어오면 마음이 내려앉았어요. 한참 숨을 참아야만 했습니다. 그 커다란 질문에 나는, 언제쯤 답을 할 수 있을까요.

그렇게 노트를 덮고 주부가 되었습니다. 야망 대신 아이를 키우고 시 대신 밥을 짓지요. 꿈 앞에 머뭇대다 그걸 신중함으로 가장하며 살아갑니다. 육아가 고된 만큼 좋아하는 것들의 존재도 빠르게 희미해져 갔습니다. 거기가 출발점이었을까요. 아이 하나 키우는 게 왜 이리 힘든지, 남들에겐 별것 아닌 일이 혹 내게만 너무 크게 느껴지는 건 아닌지. 때마다 시절의 틈새들을 뒤채곤 했습니다.

심심함을 사랑하는 마음, 고전취미, 서정, 낭만. 내 마음이 향하는 곳. 이른바 취향趣向은, 육아에 무용한 감정 소모일 뿐일까? 나를 위한 시간을 더 많이 가지면, 혹은 아이를 위해 더욱 치열하면, 상황은 나아질까? 아이와 함께하는 일상은 과연 내게 어떻게 감각되고 있을까? 문득 궁금했습니다. 그러나 질문만 쌓일 뿐, 답을 찾기는 어려웠습니다. 뿐인가요. 다정도 병인 사람인지라 엄마로만 살지 않겠다는, 그런 배짱은 차마 가져보지 못했습니다. 다만 나는 '엄마로도' 잘 살고 싶었어요.

하여 아이의 초등 입학 전까지 밀도 높은 집 육아를 했습니다. 한적한 숲속 마을, 남편과 아이와 나뿐인 단출한 생활이었습니다. 마치 월든 숲으로 들어가던 소로처럼 여기, 내 삶을 힘껏 마주해보겠다는 좀 복잡하고 별난 심정이었던 것도 같습니다.

하지만 암만 의연한 척해봐도 집에서 살림하고 아이를 돌보는 마음은 여린 꽃잎 같아서, 작은 불안에도 쉽게 이지러지고 멍이 들었습니다. 무수한 생각과 감정의 꽃잎이 피고 또 졌습니다. 어쩌면 단지 '이야기'가 듣고 싶었는지도 모르겠어요. 아이를 안아 어르는 이에게도 다정한 이야기 한 자락이 간절했습니다. 그 때문이었을 테지요. 먼 시공을 넘어 가슴에 부딪혀오는 이야기들이 매일 생겨났던 건.

이야기들은 하필 기저귀 가는 순간이나 이유식 냄비를 휘저을 때 나타나 등을 두드렸습니다. 그리곤 잊었던 지난날을 불러오거나 외면 중인 속마음을 물어왔어요. 어느 날은 랭보의 시가, 어느 날은 카사트의 그림이 그랬습니다. 때마다 오랜 친구와 담소하는 기분에 마음이 간질거렸지요. 동시에 피곤했어요. 바삐 손을 놀려야 하는 일상과 손에 잡히지도 않는 세계가 공존하는 매일. 엄마인 나로 살기도 벅찬데 여러 모습의 나로 존재해야 한다니. 당치 않은 일이었습니다. 얼른 도리질해 떨쳐내려 애를 썼습니다. 초보 엄마가 육아서 아닌 시집에 밑줄을 긋는 건 얼마나 나태하고 사치스러운 일인가, 하면서 말이에요.

하지만 거기에 난 작은 문을 나는 보았습니다. 아마도 종일 보는 것이 아이와 사면의 벽뿐인 사람에게만 열리는 문. 더 깊고 내밀한 곳으로 통하는, 육아서는 말하지 않는 것들을 품고 있는 문. 맞아요. 그건 내가 아는 가장 온아한 도락이었습니다. 동시에 효용과는 다른 언어로 나를 깨우는 일이었지요. 그리하여 마침내 껍데기뿐인 엄마가 아닌, 생생한 영혼과 마음을 지닌 살아 있는 엄마가 되는 일.

아이가 자신만의 온도와 속도로 씩씩하게 성장 중인 건 다만 기대치 않은 작은 덤이었고요.

이제는 알 것도 같아요. 취향이란 고운 이름으로 내게 말을 걸어온 것들. 그리고 그들과 나눈 숱한 이야기들. 눈물과 그리움, 반성과 깨달음. 마침내 번지던 미소까지도 실은 나 자신과 나누는 대화였다는 것을.

또한 아이와의 날들은, 나와 아이 그리고 이제껏 내 안에 담겨온 것들이 하나로 어우러지는, 참 복스러운 시간이었다는 것도.

육아와 살림을 맴도는 이 단출한 세계에서 내가 괜찮을 수 있다면 그건 내게 오랫동안 되뇐 이름들과 간직하고픈 계절

이 있기 때문일 터입니다. 아이와 이불을 널다 '아, 좋다' 나도
모르게 웃어버린 그날처럼.

　무엇보다 감사한 건요. 훗날 곶감 빼먹듯 솔래솔래 빼먹을
요량으로 채워둔 아이와의 기억 창고가 퍽 다보록해졌다는 것
입니다. 혹자는 더 높이 날아오르기도 하는 육아기에 부뚜막 고
양이처럼 살금살금 살았습니다만, 후회는 하지 않습니다. 멋진
경력이나 두툼한 지갑도 갖지 못하였으나 그런 자신을 타박하
지도 않습니다. 부모의 사소한 취향이 아이 삶의 밑그림이 된다
는 걸 알기에 더 큰 책임도 느낍니다. 하지만 정말로, 덕분입니
다. 한 번뿐인 아이의 유년이, 그리고 엄마 된 나의 날들이, 남루
하지 않았으니.

　그렇게 한 시절을 오롯이 보낸 우리는 이제 홀가분히 나아가
려는 참입니다. 그 전에, 잠시 멈추어봅니다. 그리고 정갈하게
씻어 잘 데운 손을 내밉니다. 어느 날의 나와 같을 당신에게. 육
아와 생활, 그 어딘가에 분명히 숨어 있을 작은 반짝임을 찾는
이에게. 세상 모든 서사와 아름다움이 꺼져버린 것 같은 육아
세계를 헤매일 누군가에게.

　당신의 날들을 고이 품어 언젠가 따스하게 되살려줄 책. 거칠
어진 마음을 가다듬고 싶을 때 생각나는 책. 그런 포근한 스웨
터 같은 책을 만들고 싶었습니다. 지금까지 내가 걸어온 빽빽한

시간과 시간이 마침내 손을 잡고, 시절이란 강물을 이루어 평온히 흘러가는 소리를 듣는 것. 나의 부모 된 날들과 이전엔 미처 알지 못했던 그 애틋하고도 아름다운 마음들을. 쉼 없이 똑딱이는 시간과 자라는 아이, 지금 여기서 보내고 또 맞이할 계절들을 장밋빛 '시절'로 엮어보는 것.

추억을 소중히 여기는. 눈물만큼 정도 많은. 한 발쯤 천천히 걷는. 당신과 나의, 아름답고 다정한 취향 육아를 위하여.

p.s.

그런데 사실은요, 정말은 말이에요. 책을 읽는 당신이 취향이란 말도, 육아라는 의무도 다 잊고 그저 오늘 밤 편히 잠들기를. 너무 오래 헤매다 울지 않기를. 매 순간 그런 기도로 문장을 매만졌습니다. 책장을 덮고 한결 데워진 마음으로 아이와 볼을 비빌 어떤 고운 얼굴을 그려보았습니다. 참 기쁠 것 같아요.

Contents

Part 1

지금 내 모습도 꽤 근사하다는 믿음

Part 1

지금 내 모습도
꽤 근사하다는 믿음

나에게 다정히 건네는 인사

참 오랜만이다. 아이가 학교에 가는 날. 몇 달 만에 갖는 고요한 아침에 무얼 할까, 어딜 가볼까, 그런 설렘이 초여름 구름처럼 난만하여 나는 이틀 전부터 잠을 설쳤다.

아침은 작은 소란이었다. 가방을 세 번쯤 새로 보듬고 세수를 두 번이나 한 후에야 아이는 팔랑팔랑 학교로 향했다. 갑자기 텅 빈 집. 문득 휑해져서는 두툼한 카디건과 울 양말을 도로 내어 걸치고는 잠시 주저앉아 와아아 쏟아져 나오는 상념들을 펼쳐보다 돌이켜 씩씩해진 건 더운 빵과 커피를 마주한 뒤의 일이다.

자, 이제 뭐라도 써볼까? 득달같이 달싹이는 손끝을 핑계 삼아 노트를 열고 꼭꼭 눌러 적었다.

청소를 하지 말 것.

빨래 더미를 무시할 것.

종일 잠옷을 입고 있을 것.

책을 잡지 말 것.

오늘 나의 할 일이다. 맞다. 나는 그저 여기 앉아 새소리나 더 들을 참이었다. 분명 그랬는데, 어느새 몸이 책장 앞이다. 시절이 책 한 권을 부르고 있었으므로. 연애 소설을 즐기지 않는 나에게 작가 프랑수아즈 사강을 각인시킨 소설, 《브람스를 좋아하세요...》. 새들새들 꽃 그림자 같은 그녀의 문장을 처음 접한 건 3월의 캠퍼스에서였다. 아직 녹지 않은 눈과 새로 핀 꽃이 사이좋게 뒤섞인 계절을 닮은 달콤함과 알싸함. 사강을 마음에 두지 않을 도리란 없겠구나, 깨우치던 그날처럼 창가에서 책을 펼쳤다.

'오늘 6시에 플레옐 홀에서 아주 좋은 연주회가 있습니다. 브람스를 좋아하세요? 어제 일은 죄송했습니다.' 시몽에게서 온 편지였다. 폴은 미소를 지었다. 그녀가 웃은 것은 두 번째 구절 때문이었다. "브람스를 좋아하세요?"라는 그 구절이 그녀를 미소 짓게 했다. 그것은 열일곱 살 무렵 남자아이들에게서 받곤 했던 그런 종류의 질문이었다.

— 프랑수아즈 사강, 《브람스를 좋아하세요...》

얼마나 많은 이가 여기다 꽃 갈피를 꽂아뒀을까? 나 역시 그랬다. 이 문장을 얼마나 즐겨 찾았던지 책을 열면 너무도 무르게 이 페이지에 닿곤 했다.

"브람스를 좋아하세요?"

간결한 문장에 담긴 시몽의 뜻, 폴과 함께 연주회에 가고 싶다는 그의 설렘은 네모난 강의실에 앉은 내 마음마저 흐드러지게 만들었다. 문득 폴을 연모하는 시몽처럼 연상의 여인을 사랑했던 작곡가 브람스가 떠올랐다. 브람스 음반이 어딨더라? 더듬어봤지만 찾지는 못했다. 한철 내 바쁘게 쓰인 팔다리가 봄볕에 노곤해졌기 때문이다.

아이는 이내 돌아왔다. 다시 먹이고 돌보는 데 애를 쓸 차례다. 폴, 시몽, 로제… 그런 이름들은 이제 아무래도 좋다는 듯 아이와 부둥대고 마루를 훔치고 냄비를 안칠 것이다. 후다닥 옷을 바꿔 입고, 반가운 친구들과 선생님에 대한 아이 이야기를 듣는 사이, 무엇도 하지 않겠다던 아침의 다짐들도 전부 잊힐 것이다. 하라는 이도 없고, 하루쯤 건너뛰어도 좋을 자잘한 일들을 오늘도 나는 쓱싹쓱싹 하고 말 테지. 어쩌면 그 이유조차 다 알지 못한 채.

'그건 소설의 세계에서 이리로 건너오려는 몸짓 아닐까? 아이의 지금을 놓치고 싶지 않아서. 여기, 라는 감각에 좀 더 매끄

럽게 스며들기 위해서. 이편과 저편 사이에서 균형을 잡는 데 일상의 훈기만큼 좋은 건 없단다.'

겨우내 튼 뺨을 감싸는 봄의 목소리를 들은 것도 같았다.

밤이 깊어서야 펼쳐둔 책이 떠올랐다. 책이란 사물은 어찌나 유순한지, 하루를 다 보내고도 여전 그 자리다. '브람스를 좋아하세요?' 하지만 달콤함은 거기까지. 작가는 불쑥 묻는다. '그런데 과연 그녀는 브람스를 좋아하던가?' 폴은 그제야 주위를 둘러본다. 그녀의 집엔 그녀의 불성실한 연인, 로제가 좋아하는 바그너의 음반만 가득할 뿐이다.

그녀의 집중력은 옷감의 견본이나 늘 부재중인 한 남자에게 향해 있을 뿐이었다. 그녀는 자아를 잃어버렸다. 자기 자신의 흔적을 잃어버렸고 결코 그것을 다시 찾을 수가 없었다. "브람스를 좋아하세요?" 그녀는 열린 창 앞에서 눈부신 햇빛을 받으며 잠시 서 있었다. 그러자 "브람스를 좋아하세요?"라는 그 짧은 질문이 그녀에게는 갑자기 거대한 망각 덩어리를, 다시 말해 그녀가 잊고 있던 모든 것, 의도적으로 피하고 있던 모든 질문을 환기시키는 것처럼 여겨졌다. "브람스를 좋아하세요?" 자기 자신 이외의 것, 자기 생활 너머의 것을 좋아할 여유를 그녀가 아직도 갖고 있기는 할까?

— 같은 책

작가는 책 제목에 물음표가 아닌 온점 세 개를 찍어두었다. 그러고 보면 문장 부호 하나가 바뀌었을 뿐인데 본문 속 '브람스를 좋아하세요?'와 표지의 '브람스를 좋아하세요...'는 영 다르게 들린다. 오늘의 내가 생활 너머 무엇을 좋아하는지, 어디를 향해 가는지, 그렇게 온점을 달아 스르르 늘어뜨려보고 되감아보는 것. 책의 제목은 그러므로 시몽의 목소리로 물어오는 달콤한 질문이 아닌 너무 오랫동안 자신을 방치한 폴의 애달픈 곱씹음인 것이다.

누구에게나 그런 날이 있겠지. 지금 내가 바라보는 것, 꿈꾸는 것, 언젠가 놓쳐버린 것에 대해 어떤 이라도 살갑게 물어봐줬으면 싶은 날. 세상이 다 우묵하게만 보여 끝도 없이 채워 넣다 까무룩 지쳐버리는 날. 도리도 없이 서러운 날. 그런 날 나는 이 책의 제목을 떠올린다. 스스로에게 잘 데운 손을 내밀어 건네는 사랑의 인사처럼. 그렇게 질문을 드리우고 또 거두며 삶에는 아직 내가 발견해야 할 나만의 장면이 많다는 사실을 알아간다. 나도 모르던 나의 모습, 그러니까 생각과 마음의 속도를 조금씩 덜어가며 차차 둥글어지는 요즘의 내 모습도 보기에 따라서는 꽤 괜찮을지 몰라, 하는 작은 희망도.

소설을 마저 읽기엔 기진한 밤이다. 무언가 물어주고 답을 기다려주는 이가 있다면 좋을 순간은 다만 이런 때겠지. 아끼고 싶은 밤. 홀로 잠들지 못하는 마음이 부산하다. 탁자 위 낮은 조명이 등대처럼 길을 틔우고 목련이 물 올리는 소리가 들릴 듯 나직한 봄밤. 이런 밤엔 살며시 묻고 싶어지는 것이다.

"브람스를 좋아하세요?"

나에게 그리고 당신에게. 다정히 건네는 사랑의 인사처럼.

마음이 입는 스웨터

　뉴스를 확인하고, 걱정을 이어가는 데 적지 않은 시간을 쏟는 요즘이다. 연신 울려대는 안전 문자와 괴괴한 소문들로 세상이 다 가라앉아버린 느낌이다. 어른인 나도 마음이 편치 못한데, 아이야 오죽할까. 새 학기, 새봄. 그러나 집에 매인 아이는 요즘 저답지 않게 기운이 없다. 마침 '어린이들도 코로나 블루'란 뉴스를 접하곤 마음이 쇳덩이처럼 무겁던 날 마음에 스치는 가사. "좋아하는 것들을 떠올려보면 기분이 나아질 거야." 영화 〈사운드 오브 뮤직〉 속 마리아 선생님이 천둥 치던 밤 아이들에게 불러주던 노래, 'My Favorite Things(내가 가장 좋아하는 것들)'가 필요한 날이다.

장미꽃 위의 빗방울, 새끼 고양이의 콧수염, 밝은 구리 주전자, 따뜻한 털장갑, 리본으로 묶인 갈색 종이 소포… 슬플 때 이런 것들을 떠올리면 기분이 좋아진단다.

친절한 마리아 선생님은, 영화 속 아이들은 물론 고만한 또래였던 내게도 그걸 가르쳐주셨다. 그녀가 나열한 단어 모두가 꿈꾸듯 상냥하고 포근해서, 나 역시 맥이 빠지는 날이면 그것들을 야금야금 꺼내보곤 했던 것이다.

그날도 아이와 노래를 틀고 그 고운 것들을 하나씩 굴려보고 그려봤다. 이참에 한번 찾아볼까도 싶었다. "개에 물리고 벌에 쏘여 우울한 날" 우리를 건져 올려줄 무언가. 아이와 내게 두루 좋을 사소하고 정다운 것들 말이다.

그러기에 가장 만만한 곳은 역시 내 집, 내 부엌이었다. 오후면 벌써 피곤의 기색이 짙어지던 나도, 놀이터에 나가고 싶어 칭얼대던 아이도, 부엌에서 보드라운 가루며 따끈한 반죽을 조물대다 보면 어느새 똑 닮은 웃는 얼굴이 되곤 했으니까.

아이가 가장 좋아하는 건 역시 '쌀 놀이'다. 어쩐 영문인지 초등생 형아가 된 지금도 쌀을 만지며 노는 모양새는 두세 살 시절과 같아서, 손 위로 매끄러운 쌀을 스르르 붓거나 토닥토닥 두드리며 한세월이다. 새근새근 숨소리를 낮추고 공들여 집중하는 그 모습이 얼핏 기도라도 하는 듯싶네. 태풍의 눈 안에서 느껴지는 고요가 이런 거겠지. 잠시 후 부엌은 쌀 바다가 될 것이다. 게다가 아이 손과 발에 붙어 집 안 구석구석으로 옮겨진 쌀알들을 몇 날이고 며칠이고 쓸어내야 할 것이다. 그걸 잘 알면서도 아이를 말릴 생각은 하지 않는다. 쌀을 만지는 아이 곁에선 곡식 자루에 손을 넣으며 씨익 웃던, 아멜리가 떠오르기 때문이다.

영화 〈아멜리에〉를 본 건 고등학교 시절이었다. 영화 특유의 감각적인 색감과 전개 방식에 작은 마음이 빠르게 술렁였다. 《빨간 머리 앤》을 처음 읽던 날의 기분이 꼭 이랬어. 앤이 요즘 프랑스에서 자랐다면 아멜리가 되었겠지. 혼자서 자못 확고했다. 어쩌면 동경이었는지도 모르겠다. 혹자에겐 난해하다 못해 난처하기까지 한 아멜리가 내겐 공감 능력 뛰어나고 상상력 풍부한 어른의 전형으로 보였으니 말이다.

그때부터 지금까지 목을 길게 빼고 주위를 둘러봐도 아멜리만큼 자신이 무엇을 좋아하고, 어떤 일이 자신을 기쁘게 하는지 잘 아는 사람은 없었다. 그건 아마 그녀가 오래오래 어르며 쌓아온, 그리하여 마침내 한 치의 의심 없이 기꺼이 따르게 된 독자적인 사유 방식과 행동 양식, 그러니까 그녀만의 '세계' 덕분일 거란 생각이 들면 부러워졌다. 내게 그건, '마음이 추운 날

입을 스웨터'를 한 벌 가지고 있다는 말과도 같아서. 예컨대, 떠올리기만 해도 가슴 언저리께가 따끈해지는, 몸을 푹 감싸주는 그런 스웨터.

허나, 그 좋은 게 별안간 뚝 떨어질 리 있나. 자기만의 세계는 여러 경험 중 자신에게 특별히 잘 맞는 좋은 감각이 거듭되며 만들어진다. 오랜 기다림과 정성, 추억과 애정이 잘 다져져야만 비로소 튼튼해진다. 한 코 한 코 손으로 스웨터를 뜰 때처럼, 꼭 그렇게 말이다.

아멜리 역시 어린 시절의 자신을 다독여주던 그 소박한 감각—파이 껍질을 톡톡 두드려 깨거나 곡식 자루에 손을 넣는—들로부터 한시도 마음의 등을 돌리지 않았을 터였다. 그리고 거기서 얻은 기쁨과 반짝임을 차곡차곡 쌓아왔겠지. 그래서일까? 그녀의 시선을 따라가다보면 햇살과 공기는 물론 괴팍한 이웃과 도시의 소음마저 촘촘히 아름답다.

하필 이 어려운 시기에 첫 책을 내놓곤 마음이 좋지 못했다. 아이는 학교도 못 가고 있는데 난 뭘 어찌해야 하지? 출판사, 서평, 뉴스, 집 육아… 한꺼번에 들이닥친 굵직굵직한 일들에 몸과 마음이 끊어질 듯 휘청거렸다. 아멜리를 향한 뒤파엘 씨의 질문이 떠오르기 전까지는, 정말로 그랬다.

네가 다른 사람의 행복을 지켜줄 동안, 너 자신의 행복은 누가 신경 써주지?

누군가에게 즐거움과 위안을 주기 위해선 나도 상대방 못지않게 즐겁고 편안해야 한다는 그 명징한 메시지에 어둑하던 시야가 비로소 조금씩 밝아지는 것 같았다.

어쩌면 의지나 결정의 문제인지도 모르겠다. 시절이 요란할수록 더 단순해져볼 필요도 있었다. 그저 자신의 몸과 마음이 느끼는 '기분 좋음'을 선택하기로 결심하는 것. 좋아하는 솜이불에 폭 파묻힌 듯 '아, 이 느낌이야' 하게 되는 감각을 하나씩 짚어보는 것. 다른 어떤 일을 하기에 앞서 나 자신과 아이에게 그런 행복을 챙겨주면 어떨까 싶었다.

동동거리다 지쳐 탁 놓아버리는 대신 일상을 좀 더 느슨히 꾸려보기로 했다. 그러자 내가 겪는 모든 감각이 기다렸다는 듯 모습을 드러내기 시작했다. 이를테면 찻잔과 티스푼이 부딪히는 찰나의 영롱함, 봄볕에 보송하게 마른 잠옷에 팔을 끼워 넣을 때의 쾌적함 같은 것들. 꽃샘추위가 기승인 날엔 라벤더 오일을 떨군 더운물에 발을 담그고 오후를 지났다. 아이도 나도 따뜻한 물과 라벤더 향을 좋아하므로 그런 밤이면 꿈도 없는 단잠에 빠져들었다.

조금 쌀쌀해도 쾌청한 아침엔 맞창을 활짝 열어 목련 냄새

깃든 바람에 머리칼을 맡겼고, 아지랑이 간지러운 오후엔 아이와 창가에 앉아 꿀 섞은 우유를 데워 마셨다. 각자 피곤해지지 않을 만큼의 집안일을 나누고, 마침내 봄비가 내리던 날엔 블루베리와 토마토 묘목을 사다 심었다. 생각난 김에 식구들의 속옷와 베갯잇을 아이가 자주 뺨을 부벼오던 잠옷과 같은 브랜드의 순면으로 싹 바꾸고, 한동안 청결한 향으로 온 가족을 킁킁거리게 만들던 비누를 다시 꺼내어둔 것도 그즈음이었다.

그날그날 부족하면 부족한 대로, 좋으면 좋은 만큼 들여보는 아주 작고 느린 정성이었다. 하지만 덕분에 조금씩 조금씩. 아이가 소소한 '좋은 기분'에 푹 젖어드는 것을 볼 수 있었다. 어느새 새싹처럼 씩씩해진 아이는 야물야물 집안일을 하며 느낀 뿌듯함에 엄마를 돕고, 텃밭을 돌보며 느낀 흐뭇함에 물 조리개를 꿰어 들었다. 돌아보면 그렇게 얻은 좋은 기분들이 이리저리 그물코처럼 짜여 아이의 생활과 습관을 엮어왔다. 손 씻기, 책 읽기, 기도하기… 사소하지만 제가 찾은 즐거움에서 그 움직일 힘과 방향을 얻어 이뤄낸 결과이니 그 가치는 천금만큼 귀하다.

어쩌면 오늘의 할 일을 아는 것보다 오늘의 기분을 아는 쪽이 더 중요한지도 모르겠다. 그 어떤 날에도 묵묵히 나를 지키며 함께 걸어줄 그런 기분을 찾아내고, 또 스스로 만들어낼 수 있다면 그 뒤에 따라오는 일들은 한결 순조로울 테니.

무얼 하든 좋은 기분이 먼저, 숙련은 다음이라 정했다. 일상이 완벽하고 조심스럽기보다 따스하고 유쾌하기를 더욱 바라게 되었다. 아이의 어린 날, 속도와 효용은 잠시 미뤄둔 채 삶이 주는 순수한 감각들을 담뿍 맛보기를. 저를 둘러싼 시간과 공간의 온도를 기탄없이 느껴보기를. 그리하여 훗날 자신에게 다가오는 좋은 것들을 성큼 알아채고 웃으며 끌어안을 수 있기를.

유난히도 마음의 부침이 심했던 날들. 내가 나를 위로하기 위해 마련한 방법들이 이제는 일상의 작은 즐거움이 되어간다. 세 식구 힘을 모아 다듬고 솎아내는 사이 집은 점차 편안한 공기와 거슬릴 것 없는 사물들로 채워진 아늑한 공간이 되어간다. 우리 마음에 진정으로 닿아온 것들이 차곡히 모여 있는 곳. 어디 하나 모양낸 구석 없이 소박한 집이지만 손님들은 "이 집에 오면 기분이 참 좋아요"라는 칭찬을 건네주신다.

음식이 몸을 만들어간다면 감각과 기분은 마음을 지어나가는 것. 나아가 거기엔 그 사람 자체를 이루고 지탱해주는 힘이 있다고 나는 믿는다. 그러므로 좋아하는 감각을 깨우고 편안한 기분을 품도록 돕는 것은 아이 마음에 입힐 포근한 스웨터를 마련해주는 일과도 같다.

그런 마음으로, 자신만의 세계를 향하는 아이의 첫걸음을 응원한다. 나 역시 여기서 마주친 감각들을 하나씩 되새기며 내 세계를 넓혀간다. 숨을 모아 천천히 한 코 한 코. 결코 서두르지 않는 정성으로 나와 아이 마음에 입힐 폭신한 스웨터를 짓는다. 춥고 비바람 치는 어느 날, 어깨를 늘어뜨린 아이가 찾아오면 살며시 꺼내어 입혀줘야지. 꿀 섞은 우유를 내고, 라벤더 오일을 지피고 도란도란 쌀을 씻어 맛있는 밥을 함께 지어볼 수도 있겠다. 아, 배경으로 마리아 선생님의 'My Favorite Things(내가 가장 좋아하는 것들)'를 틀어두는 것도 잊지 말아야지. 한동안 웅크리고 스웨터를 뜨다 보면 하는 수 없이 어깨도 아프고 눈도 침침해올 테지만, 아이가 오늘처럼 예쁘게 웃어준다면 그조차 좋기만 할 것 같다.

"네가 다른 사람의 행복을 지켜줄 동안,
너 자신의 행복은 누가 신경 써주지?"

누군가에게 즐거움과 위안을 주기 위해선
나도 상대방 못지않게 즐겁고 편안해야 한다는 그 명징한 메시지에
어둑하던 시야가 비로소 조금씩 밝아지는 것 같았다.

나만의 다정을 지키는 일

이걸 참 오래도 본다. 메리 카사트의 그림(227-229쪽)들 말이다. 더 좁게는 보송송한 파스텔 필치로 아기와 엄마를 그린 그의 후기 작품들을 나는 오래도록 좋아해왔다. 차분히 바라보노라면 순간의 온기, 향, 대화 같은 것들이 느껴진달까. 마음이 푹해져서랄까. 아마 모두가 그렇게 말할 것이다. 보는 순간 행복해지는 그림들이라고.

그림 속 엄마들의 표정을 되돌아본 건 최근의 일이다. 모두가 씻긴 듯 담담한 표정이었다. 그림이 밝고 포근하니까, 그 안의 그녀들 역시 환하게 웃고 있으리란 막연한 단정을 이제야 바로잡았다. 그림 속 그들은 다만 '육아'라는 일을 담담히 해내는 생활인 같다. 후광 찬란한 성모도, 가련한 희생양도 아닌 그저 거기 한 사람. 아이를 돌보는 일에 대해 어떤 편견이나 감정도 일으키지 않는 그 모습이 내겐 오히려 조촐한 위안이었다.

카사트가 그림을 그리던 시기는 19세기 말에서 20세기 초다. 인상파 화가들이 이젤을 들고 나가 자연의 빛을 탐하던 때이자 상징주의와 유미주의, 데카당스(19세기 프랑스와 영국에서 유행한 문예 경향. 병적인 감수성, 탐미적 경향, 비도덕성 등을 특징으로 한다)가 꽃피던 때다. 고흐가 불타는 해바라기를, 마네가 벌거벗은 올랭피아를, 피카소가 압도적인 스케일의 추상화를 그리던 시기. 그러나 어떤 화가들의 눈에는 집 안의 여자들이 가장 아름다웠다. 아이를 씻기고 옷을 입히고 우유를 먹이는 사람들. 그네들이 매일매일 닦아나가는 소박한 일상도 예술이 됨 직해 보였다. 카사트의 눈에도 그랬으리라. 여성 해방을 외치며 결혼 대신 직업 화가의 길을 택한 그이지만, 훗날 언니의 삶에서 '엄마'란 인물만이 가질 수 있는 작고도 아름다운 순간들을 포착해 많은 작품을 남겼다.

천재天才를 지닌 그와 달리 평범한, 게다가 아이를 축복으로 받은 자에게도 모성은 짐이 될 수 있다. 그렇게 생각한다. 하지만 모성이 꼭 유감스러운 '희생정신'만은 아님을 나는 또한 카사트의 그림에서 본다. 어떤 위로나 동정도 필요치 않다는 침착함, 엄마가 된 한 인간에게서 우러나는 따스한 품위를 그의 그림에서 느꼈을 때, 나는 곁에 두고도 한참 보지 못했던 꽃을 이제 막 본 사람처럼 탄성을 질렀다.

물론 체온을 지니고 오늘을 사는 나는 그림 속 그들과는 달라서 매일 다양한 감정의 사태를 겪곤 한다. 어리숙한 성정마저 엄마가 되고 나니 더욱 유난이다. 나를 돌보는 일엔 그만큼 더 의식적인 품이 든다. 온통 '나, 나, 나'를 외치는 세상을 머리로는 이해하지만, 마음이 따라잡지를 못한다. 일도 육아도 잘하기로 소문난 누구는 모질단 소리를 들을 만큼 자신을 먼저 챙기라 조언하던데. 뜨끔함에 귀밑이 빨개져도 그때뿐. 육아서를 읽을 때마다 가장 귀찮은 숙제로 남는 건 엄마 자신을 돌보란 말이었다. 다정도 병이라더니, 아이가 눈에 밟혀 자신을 챙기는 건 번번이 뒤로 밀린다. 아이의 귀여움에 넋을 놓고 닳아가는 건 차라리 쉬운 일이었다.

그러다 이왕 하는 일 즐겁게 해보자는 생각이 들었다. 주로 너무 피곤할 때, 그러다 거울 속 나와 눈이 마주쳤을 때 놀라서는 그랬다. 좋아하는 음악을 틀고 아끼는 향초를 피우고. 창가에 수채화처럼 번진 숲을 바라보며 그 안에 사는 고라니며 청설모를 떠올리기도 했다. 새소리, 바람 소리. 단 몇 초라도 그런 것들을 위해 사는 사람처럼 굴기도 했을 것이다. 이전이었다면 마냥 흘렸을 이런 순간들이 이제는 팬케이크에 시럽 스미듯 삶에 스몄다. 짧은 순간이었지만 그런 후엔 좀 더 보드랍고 촘촘한, 육아하기 좋은 마음이 됐음에 감사했다.

여전히 아이와 많은 시간을 보낸다. 소란하면 소란한 대로, 평온하면 평온한 대로 보살피고 염려하며 매일을 지난다. 이불을 덮어주고도 춥지 않을까 창틈을 살피고, 아침을 거르는 날이면 속이 허하진 않을까, 우유 잔을 들고 쫓기도 하며. 어디다 얘기하면 '아니, 대체 왜?' 하는 눈빛을 돌려받곤 하는 일들과 아이조차 별 신경을 쓰지 않는 그런 일들에 참 무던히도 애를 태우는 것이다.

그런데 그런 하루를 건너는 길목 중간중간 마음속에서 따스한 불빛이 일렁이기 시작했다. 어쩌면 생애 가장 정직하고 묵묵한 시간을 살아내고 있을 자신에 대한 경애와 애착. 그건 내 안에 숨어 있던 '나를 향한 다정'이었다.

카사트가 포착한 여인들의 담담한 표정이 문득 이해가 갔다. 본능에서 우러나오는 행동은 강요될 수 없는 것이다. 그건 억지도 아니고 마지못한 것도 아니며, 그저 자연스러운 행위다. 사랑하는 이에겐 주고만 싶다. 그가 무엇을 필요로 하는지 무엇에 기뻐하는지를 자꾸 살피게 된다. 그리하여 적당한 지점에서, 시간이나 정성처럼 내게 가장 소중한 것을 기꺼이 내어주고 싶은 마음. 내가 오래도록 행복이라 불러온 그 마음을 누군가 미욱하고 부질없는 것이라 잘라 말할 때면 응당 그럴 수 있다는 걸 알면서도 조금 슬퍼졌다.

　어쩌면 여기저기서 알게 모르게 강요받고 또 스스로도 은근슬쩍 동참했던 메시지, '자존감'이란 이름으로 자신을 무한 긍정하고 세상의 중심으로 세우라는 그 메시지에 지쳐가고 있는지도 모르겠다. 언제부턴가 자아도취와 닮은꼴이 된 자존감은, 세상 모든 문제의 원인이자 치유책으로 군림해 있었다.

　하지만 세상엔 분명 '내가 세상에서 가장 중요한 인물이 아니'라는 안락함. 그런 것도 있을 터였다. 그토록 편애하던 나보다 더 사랑하는 사람이 생겼다는 것. 본능적인 내 충동과 욕망을 이기고 그 사람을 중심으로 생각하는 삶을 지어가는 것. 누군가에게 울타리가 되어준다는 것. 그 안의 생명이 위협이나 근심 모르고 자라게 한다는 것. 그리하여 제 몸뿐 아니라 꿈도 불릴 수 있게 돕는다는 것. 그 자체로 얼마나 용감하고 아름다운 일인가를 알게 된다면 내가 들인 다정도 미욱한 수고만은 아니지 않을까.

　사실 자신을 대접하는 것도 그리 어려운 일은 아니다. 날씨만 좋아도 기분은 난다. 잠깐 마시는 커피 한잔이 이렇게 달 수가 없다. 엄마가 되기 전 내가 누렸던 삶은 당연한 게 아니었다. 그 이면엔 나를 향한 누군가의 끝없는 애달픔과 종종거림이 있었음을 조금이나마 이해하곤 애틋해졌다. 잠시 나를 잊고 지낸 게, 꼭 서글픈 일만은 아니었네.

누군가를 사랑하고 보살핀다는 건 자신의 삶을 전심으로 사랑하고 기뻐할 수 있다는 희망과 용기를 얻는 일이라 나는 믿는다. 언젠가 들어본 '자귀의自歸依'라는 말. 어쩌면 그 말은 정말인지도 모른다. 깃발은 바람이 있어 나부끼고, 흔들리는 깃발로 인해 비로소 바람이 보인다. 아이로 인해 가장 선명하게 보이는 건 돌고 돌아 바로 나였다. 누구의 아내도, 엄마도, 딸도, 며느리도 아닌, 여기 한 사람.

다정한 엄마이기 점점 힘든 세상이다. 다정이란 말의 온기와 질감은 날로 가벼워져서, 이제는 그 위에다 참신함이나 진취성 같은 무언가를 더 얹어야만 온전한 무게를 띠게 되는 것 같다. 거기에 얹히는 무엇이든 하나하나 빛나고 소중한 자질임을 알기에 그 무게를 달아볼 생각은 하지 않는다. 다만 그 끝에서 왕왕 마주치는, 요즘 엄마는 어때야 한다는 말들. 혹은 그러면 안 된다는 말들. 아이를 키우며 집에 '그냥 있다'거나 '논다'는 표현… 호두 껍데기보다 단단한 그 모든 종류의 편견이 나는 두렵다.

변변한 무기 하나 없이 여태 이렇게 속이 무르다. 그럼에도, 아니 그러니까. 나만이 가질 수 있는 나만의 다정이 있을 것이다. 따뜻한 물로 아이 손과 발 씻어주기, 모두가 아는 노래를 우리끼리만 아는 가사로 바꾸어 불러주기, 아이가 재미있어 하는 이야기 몇 번이고 또 들려주기, 아침마다 안아주기, 맛있는 간식 짠! 하고 내어주기….

매일 다니는 길도 잘 모르는 사람이지만 아이 손톱이 실낱만큼 자랐음은 안다. 엊그제 무릎에 든 멍 자국은 또 얼마나 옅어졌나 살필 줄도 안다. 옆에서 느껴지는 조그만 체온에 고마워, 진심으로 속삭일 줄도 나는 아는데.

각자가 그리는 행복이 다르듯 세상의 그 많은 다정 중에는 분명 나만의 다정이 있을 것이다. 세상이 원하는 어떠한 모습이 되지는 못하여도. 작은 것에 마음을 주는 사람, 도서관 한가운데는 잘 앉지 못하는 사람, 져놓고 안도하는 사람, 뺏기보다 줄 때 더 풍성해지는 사람, 다정을 병인 양 앓는 사람에게 그만한 위안이 또 있을까. 아이가 잠든 밤, 오늘 가장 다정했던 순간을 떠올리며 나는 조금 먹먹하고 많이 행복하다.

누군가를 사랑하고 보살핀다는 건
자신의 삶을 전심으로 사랑하고 기뻐할 수 있다는
희망과 용기를 얻는 일이라 나는 믿는다.

아이로 인해 가장 선명하게 보이는 건 돌고 돌아 바로 나였다.
누구의 아내도, 엄마도, 딸도, 며느리도 아닌,
여기 한 사람.

빨간 머리 앤은 어떤 엄마가 되었을까

"우리 딸은 꼭 빨간 머리 앤 같아."

일기 쓰는 내 머리를 쓰다듬으며 엄마는 종종 말씀하셨다. 그랬던 것도 같다. 나는 앤처럼 공상을 즐기던 소녀였다. 물론 그 덕에 좀 덤벙댔을지는 모르지만 색색 빛깔 감정으로 바람 한 점, 물그림자 하나, 무엇도 쉽게 스쳐 지나가지 않고 마음 안에다 무늬를 그려넣던 날들.

그토록 공감 가는 캐릭터였기에 앤에 대한 나의 애정은 각별했다. 내 삶의 어느 조각 위에 그녀의 모습이 겹쳐지면 즐거웠다. 길 양쪽이 벚꽃으로 환한 날, 퍼프 소매 블라우스를 입는 날이면 어김없이 그녀가 떠올랐다. 앤의 나중 이야기들, 그러니까 활자만 촘촘히 박힌 후편을 만난 건 대학 도서관에서였다. 한순간 그녀도 나도 대학생이었다. 그게 어찌나 반갑던지 거기 선 채 마치 내가 매튜 아저씨나 마릴라 아줌마라도 된 양 "정말 잘 자라주었구나, 앤" 하며 그녀의 마른 어깨를 토닥여주는 상상을 했다.

교생 실습 나가던 내게 용기를 준 것도 다름 아닌 교사 실습을 하던 앤이었다. 아이들을 가르치고 연애 편지를 쓰는 앤의 이야기를 읽을 때면 내 마음의 기온도 훔씬 올랐다. 그런데 참 이상도 하지. 앤이 결혼을 한 후로는 책장이 넘어가질 않았다. 결혼과 육아가 너무 멀게만 느껴져서였을까. 아쉬운 마음을 책갈피처럼 끼워 넣고 책을 덮었다. 그러므로 내가 아는 앤의 이야기는 거기까지였다. '앤은 길버트와 결혼해 엄마가 되었습니다.'

엄마가 되고야 문득 이 자리에 선 앤의 모습이 궁금해졌다. 앤은 이 일을 어떻게 해냈을까? 호기심을 가누지 못해 웹 검색을 하다 '앤은 몽상가라 아이들을 잘 돌보지 못했을 것'이란 어느 블로거의 단호한 예상과 마주치기도 했다. 주눅보다 먼저 든 건 놀라움이었다. 평생 호리호리한 소녀일 것 같던 앤이 무려 여섯 자녀를 둔 엄마라니! 걱정 반, 기대 반. 즐거운 설렘으로 책을 펼쳤다.

블로거의 예상은 보기 좋게 빗나갔다. 엄마가 된 앤과 그녀의 가족은 행복했다. 앤에겐 고아였다는 상처가 있지만, 그녀는 한 번도 버려진 적 없다는 듯 명랑한 엄마가 되어 있었다. 자신이 받은 사랑을 소중한 이들에게 나눠주는 앤은 아름다웠다. 특유의 민감한 감수성을 토대로 아이 각자의 특별함을 포착하고 응원했다. 겁 많은 아이는 더욱 감싸주고 기운찬 아이는 북돋워주었다. 이 아이 저 아이에게 들려줄 이야깃거리를 싸목싸목 챙기고 그들의 이야기를 곰곰 들어주는 그녀는 능력 있는 엄마라기보단 사랑받는 엄마였다. '이토록 좋은 엄마는 아무도 가지고 있지 않을 거야.' 그녀의 아이들은 생각했다.

앤은 자신의 개성을 땔감 삼아 하루하루를 정성껏 풀어냈다. 그럼에도 그녀의 일상은 전처럼 극적이지 않다. 에피소드는 인물의 내면을 중심으로 잔잔히 펼쳐진다. 그녀의 뒷이야기가 더 큰 유명세를 얻지 못한 건 그 때문이 아닐까? 앤의 시절이나 요즘이나 눈길을 더 끄는 건 화려한 치장이 겉으로 드러나는 쪽이니까. 더구나 '실용'이 모토인 육아 세계에서 '낭만'을 끌어안으려는 몽상가의 목소리는 얼마나 작게만 들리는지. 깊은 밤 눈 내리는 소리처럼 귀를 바짝 기울여야만 겨우 듣게 되는 나직하고 영롱한 속삭임. 그런 목소리가 그리운 날 나는 앤의 이야기를 찾는다. 좋아하는 찻잔을 곁에 두고, 소매를 슥슥 걷고, 아무 데고 펼쳐 읽으며 아 역시 즐겁구나, 한다.

사랑이 활활 타오르고 봄을 앞두고 있는데 무엇 때문에 불어오는 눈이나 찌르는 듯한 비바람을 걱정할 필요가 있겠는가? 그리고 길에는 인생의 온갖 작은 아름다움이 뿌려져 있는데.

— 루시 모드 몽고메리, 《ANNE 6: 행복한 나날》

앤은 여섯 아이를 키우는 소란에도 아름다움은 있으며 삶의 어디에나 행복은 흐른다고 말한다. 예컨대 가족의 미세한 기적, 새로 돋는 잎새의 천진함, 낯선 이의 작은 친절. 아무렴. 어느 시절이고, 어디서고 우리 삶은 민민한 것들 틈에다 이런 반짝임을 숨겨두곤 하니까. 군인이 되겠다는 아들을 걱정하는 다이애나에게 건넨 앤의 말도 참 사랑스러웠다.

"나라면 그런 일로 걱정하지 않겠어. 또 다른 생각에 빠지게 되면 그런 건 잊어버리고 마니까. 전쟁은 과거의 것인걸, 뭐."

생각으로 생각을 잊는다. 얼마나 그녀다운 마음 정화법인지.

외부에서 '엄마'로 현존하는 고단을 잠시 잊고 내 안의 담요를 찾아 살며시 덮어보는 일. 앤은 생각에 빠져드는 일이 육아의 동력이 됨을 내게 깨쳐주었다. 덕분에 몽상에 잠길 때마다 들던 자책이 솜사탕처럼 녹아내렸다. 언제부터였는지 나는 능률이 감상보다, 이성이 감성보다 우월하다는 자격지심을 잃고 있었다. 이성적인 사람들 틈에서 감성적인 내 존재는 쉽게 작아 보였고, 스스로도 그런 성향이 마뜩잖았다. 하지만 정말 그럴까.

아이와 즐겨 보던 책 중에 어느 다리에 관한 책이 있다. 그 책을 읽을 때마다 나는 아이에게 그 다리에서 본 노을 이야기를 들려주었다. 오래전에 거기서 본 그 노을이 탐스런 홍시처럼 유난히 발갛고 환해서 마음속에 저장해두고 가끔 꺼내본다는 뭐 그런 이야기. 아이가 하품을 하면 그제야 감상에서 깨어났다. 책장 넘기는 것도 잊은 채 감상에 빠져든 내 모습이 미안하고 부끄러워 두 뺨이 훅 더웠다. 그러던 어느 오후 창밖을 보던 아이가 나를 부른다.

"엄마, 노을 좀 보세요. 엄마가 금문교에서 본 노을도 저랬어요? 나는 오늘 노을 마음에 저장해놓을래. 엄마도 저장해요. 엄마랑 같이 꺼내보면 더 좋을 거야."

그리고 그때마다 조금씩 더 행복해질 것이었다. 늦봄, 서울 하늘에 드물게 맑고 붉은 노을이 걸린 날이었다.

앤은 창문에서 떠났다. 머리를 두 가닥으로 길게 땋고 흰 잠옷을 입은 모습은 그린 게이블즈 시절의 앤의 모습 그대로였다. 마음속 빛은 아직까지도 내비쳐지고 있었다.

— 같은 책에서 발췌

언제라도 접속할 수 있는 내면이 있다는 것, 견고한 일상 중에도 꿈에 젖을 수 있다는 것. 그렇게 모은 사소한 조각들로 비단처럼 보들보들한 행복을 자아낼 수 있다는 것. 나 같은 이가 받은 최고의 축복일 테다.

뒷모습을 보인다는 것

어릴 적, 엄마의 부엌에는 살림살이가 많았다. 찬장엔 엄마가 그해 새로 담근 간장과 이국의 향신료가 나란히 도란거렸고 잘 마른 접시들 틈에는 소설책과 가계부가 수줍게 끼어 있었다. 다른 덴 몰라도 부엌살림만큼은 최대한 다보록이 꾸려야 한다고 믿는 분이 나의 엄마다. 썰렁할 정도로 하얗고 깔끔한 '요즘' 부엌에는 당최 정이 안 붙는다는 게 그녀의 오랜 지론이고.

그 때문인지 내 부엌 또한 몇 년 새 모습이 많이 달라졌다. 미니멀 인테리어로 잡지와 방송에 왕왕 내비칠 때만 해도 하얗고 멀끔하던 나의 부엌은, 나날이 세를 불려 요즘은 가만히 있어도 그릇과 냄비들의 수다 소리가 들려올 듯, 그렇게 변해 있다.

오래 만져온 정스런 것들이 복닥이는 곳. 이제야 비로소 부엌에 어울리는 온기가 도는 것 같고 마침내 여기가 내 공간이된 듯한 안심도 든다. 멀쩡한 방을 두고 부엌에 자리를 잡고 글을 쓰는 이유다. 어느새 엄마의 옛 부엌을 닮아버린 이곳에서 그렇게 홀로 글을 쓰고 밥을 안치다 한 번씩 빙그레 웃기도 하는 건, 굳이 벼르지 않아도 마주치게 되는 어린 날의 기억들 때문이고.

늦은 오후, 주방에서 엄마가 우리를 부르면 신이 났다. 거기선 잼이 졸아드는 걸 보거나 팝콘이 익는 고소한 냄새를 맡을 수 있었으니까. 엄마가 커다란 솥을 꺼내 안치면 가을이었다. 이제 곧 소슬바람이 불 테고, 누구 하나 고뿔이라도 들 새라 엄마는 거기다 고깃국이나 깨죽을 끓이셨다. 그때 솥 안을 젓던 엄마의 동작과 부엌의 따습고 축축한 공기, 창에 서린 김이 물방울로 구르던 것까지 생생한데, 이제는 내가 누군가의 풍경이 되어 거기 서 있다.

마치 엄마와 나의 배역이 바뀐 듯, 엄마가 섰던 바로 그 자리. 싱크대와 레인지 앞이다. 여기서 행해지는 씻고 다듬고 끓이는 순한 일들에 기꺼이 빠져들다가도 등 뒤로 아이 기척이 느껴질 때면 가슴이 철렁하는 곳도 다름 아닌 이곳이다. 이왕 여기 선 거, 나도 좋은 엄마 모양으로 아이에게 특별한 뭔가를 차려주고 싶은데. 혹은 여느 엄마들이 그렇듯 부엌을 벗어나

더 근사한 무언가를 보여주고 싶은데 매번 별 소득도 없는 뒷모습뿐이라 속이 캄캄해온다.

일본 영화 〈리틀 포레스트〉 속 이치코는 문득 혼자다. 엄마는 어느 날 집을 떠났고 도시의 남자친구와는 헤어졌다. 고향으로 돌아온 그녀는 이제 스스로 농사를 짓고 집을 돌보고 밥상을 차리며 세상에 나 혼자라는 외로움과 맞설 참이다. 현실이 이토록 커다랗고 막막한데 이치코가 기대는 곳은 소박하기만 하다. '유년의 부엌'. 그녀의 기억들이 어린 날의 부엌을 향해서일까? 아니면 영화 속 엄마의 뒷모습이 내 엄마의 그것과 닮아서일까? 영화를 보는 내내 어린 시절의 엄마가 떠올랐다.

부엌에서 엄마는 거의 언제나 뒷모습이었다. 무언가에 열중한 채 별말도 없었다. 홀로 노란 불빛을 받아내며 밥을 짓고 선반을 여닫다 노트에 뭔가를 적어 넣기도 했다. 그때 나는 어렸어도 엄마가 지금 바쁘다는 것쯤은 알았다. 엄마가 언제쯤 방으로 건너올까, 시무룩해 있다가도 보글보글, 탁탁, 톡톡. 부엌에서 엄마가 만들어내는 소리가 들려오면 언제 그랬냐는 듯 마음이 풀어졌다. 곧 엄마가 앞치마를 걸어두는 소리가 들릴 것이고 그러면 엄마는 틀림없이 내게 올 거니까 괜찮았다. 몇 년 뒤 엄마가 직장에 나가게 됐을 때도 크게 불안하거나 슬프지 않았던 건 그 덕이었을 테다. 엄마는 틀림없이 내게 올 거니까.

지금은 단지 엄마의 앞치마가 바지 정장으로 바뀐 것뿐이니까.

매일매일 부엌에서 놀아본 내 아이 역시 '부엌의 엄마는 멀리 가지 않는다'는 사실을 알게 됐다. 그런 편안함과 익숙함 때문일까. 아이는 당근을 썰거나 냄비에 물을 채우는 부엌 놀이에 흠뻑 빠져들었다. 같은 공간 안에서 각자 일에 몰입하는 시간도 점차 늘어났다. 이치코 역시 엄마가 돌아오리란 희망을 부엌에서 찾았을지도 모른다. 덤덤하게 요리하던 엄마뿐 아니라 그 곁에서 한껏 즐겁던 자신을 떠올렸을 수도 있겠다. 엄마의 뒷모습을 바라보던 어린 이치코는 외로워 보이지 않는다. 영화를 네 번째 되감던 날에야 그게 보였다.

엄마의 부엌에선 안 되는 일이란 없었다. 맨몸으로 주방에 들어간 엄마 손에는 곧 김 나는 접시들이 들려 있었다. 내 눈엔 빤한 재료들만 가득한 부엌에서 별스런 것이 다 나왔다. 탕수육, 떡볶이, 도넛, 피자, 맛탕, 우리집 김밥. 무엇이든 '먹고 싶어' 한마디면 되었다. 나는 그것이 엄마가 부리는 마법이라 생각했다.

"이걸 다 어떻게 만들었어?"

토끼 눈이 되어 물으면 엄마는 신이 나 설명을 시작했다.

"응, 이거? 쉬워!"

그러나 구상부터 정리까지, 진짜로 쉬운 건 하나도 없었다.

이치코가 엄마를 조금씩 이해하고 용서하게 된 곳도 부엌이었다. 그녀로선 암만 궁리해봐도 흉내 낼 수 없던 엄마의 푸성귀 볶음 맛. 그 비밀은 껍질을 벗겨내는 수고이며 그 수고를 가능케 한 것이 다름 아닌 사랑이었음을, 이치코는 더듬더듬 알게 된다. 알지 못했던 엄마의 진심을 부엌에서 헤아리던 이치코처럼 나 또한 같은 자리에 서야만 보이는 풍경에 대해 어렴풋이 알아간다. 내가 유치원에 다니던 시절, 엄마는 바빴다. 종일 부엌에 선 채 우리랑 놀아줄 틈도 없던 엄마. 두터운 구름처럼 당시 내 유년의 부엌을 감싸고 있던 뿌연 김이 조금씩 걷히기 시작한 건 최근의 일이다.

아이를 낳고, 몇 번인가 부엌에 숨어 보고서야 거기서 한숨을 뱉어내며 자신을 다독이던 그때의 엄마가 보였다. 그즈음 엄마는 갑작스레 외할머니를 여의었다. 자신 몫의 육아와 살림은 물론 지척 시댁 살림까지 품을 더해야 했다. 요리조리 떠올려봐도 온통 뒷모습뿐이던 그 시절의 엄마는, 그래. 어디로든 도망치고 싶었겠지. 터질 듯한 마음을 어쩌지 못하고 다만 부엌에 숨어버렸던 건지도 몰라.

오랫동안 나는 부엌을 오해했다. 어떤 불안도, 근심도 없이 안온한 곳이라고만 여겨왔다. 마치 엄마는 피곤하지도, 귀찮지도, 배고프지도 않으며 달리 가고 싶은 곳도, 그리울 것도 없다고 생각했던 것처럼.

그즈음 부엌에서 '사랑은 창밖의 빗물 같아요'를 부르던 엄마를 기억한다. 왜인지 곧잘 울 것 같은 표정이 되곤 했는데, 나는 그걸 모르는 척했지만 한 번도 잊은 적은 없었다.

간만에 휴대전화를 살피다 아이가 찍은 사진들에 눈이 멎었다. 언제 이런 걸 찍었지? 설거지하는 나, 찬장 앞의 나, 모니터를 들여다보는 나. 흘러내린 머리칼, 비뚜름한 옷깃, 고양이 발톱처럼 잔뜩 움츠린 등. 나는 알지 못했던 나의 뒷모습들. 뒷모습은 타인에게만 열리는 표정이라던데, 내 뒷모습은 이렇게 생겼구나. 긍정도, 부정도 하지 않은 채 덜컥 궁금해졌다. 나야말로 얼마나 많은 엄마 뒷모습에 힘을 입으며 자라온 걸까? 이른 아침 도시락을 싸던 뒷모습, 바쁘게 출근하던 뒷모습, 무릎을 꿇고 방 안을 훔치거나 유영하듯 집 안을 비질하던 뒷모습, 새벽녘 몰래 내 방으로 건너와 이불을 끌어당겨주고는 살금살금 방을 나서던 꿈결 같은 뒷모습.

집 안 구석구석 정물처럼 놓여 있던, 그래서 아무렇지도 않던 엄마의 뒷모습이 사실은 우리를 향한 가장 꾸밈없는 응원이자 기도였음을 문득문득 헤아린다. 고달픈 날 그 뒷모습들을 떠올려보면 마음에 감빛 전구 하나가 딸깍, 들어온단 사실도 서먹하게 알아간다. 그러니 아가, 종일 주방에서 종종대고, 밤이면 식탁에 앉아 글을 쓰던 미숙하고 서툰 엄마의 뒷모습을 기억해주렴. 그리고 온기가 필요한 날 가만 꺼내어 펼쳐보는 거야.

"애는 원, 별 걱정을 다 해! 애기가 엄마 등 보는 게 어때서? 제 엄마인걸. 저를 세상에서 가장 사랑하는 사람인걸."

등 뒤의 아이를 보며 한숨 짓는 내게 엄마는 말씀하셨다. 그래, 사랑이면 충분할 테다. 보살피는 손끝이 숫되어도, 너무 무르게 뒷모습을 보여도 그런 마음과 함께 자란 아이는 새삼 환하고 단단할 것이다.

"걱정 마. 엄마 뒷모습 보고 자라는 아이는 비뚤어지지 않아."

엊그제 그렇게 나를 다독이며 반찬 보따리를 풀던 엄마의 둥근 등을 떠올리자 푹한 안심이 드는 밤이다.

고마워요, 엄마. 고운 밤을 빌어요.

쑥스럽지만 이런 문자라도 하나 넣어봐야겠다.

오늘도 엄마의 뒷모습이 나를 키운다.

나는 객

새벽에 꿈을 꿨다. 그 안엔 몇 해 전 아이와 놀이터로 달려 나가던 길이 아득히 펼쳐져 있었다. 매번 공출당하는 듯한 심정으로 아이 손에 끌려 나서던 그 길이, 내 평생에 남을 꿈길이 될 줄은 꿈에도 몰랐지.

꿈속의 아이는 네 살쯤 됐나 싶었다. 포동포동 조그만 그 아이를 한 번만 더 안아보고, 정말로 그 길을 함께 달리고 싶다고 꿈에서도 생각했던 것 같다. 깨나기 전부터 나는 울고 있었다. 다시 그때로 돌아갈 수 있다면 더 많이 사랑해주리라. 네 말이 전부 옳다고, 너 하고 싶은 것 다 해보라고, 엄마 곁에선 얼마든 그럴 수 있는 거라고 등 토닥여주리라. 밥 잘 먹고 푹 잘 자고 온 힘 다해 뛰어나가주리라. 네가 최고라고, 정말 사랑한다고

백번이고 천 번이고 말해주리라.

그런 말을 적지 않고는 배길 수 없는 아침이었다. 꿈이 너무 생생해 동이 다 트기도 전에 잠을 털었다. 그런데도 몇 줄 적지 못하고 한참을 멍하니 앉아 있었네. 그렇게 어깨를 싸안고 꿈의 여운을 더듬다 그 안의 또 한 사람, 내 모습이 마치 투명 인간처럼 희미하다는 사실에 문득 놀랐다. 그즈음엔 늘 부스스하고 허둥대던 내가 너무 낯설고 더러는 한심해 사진조차 찍기 싫었다. 거울 앞에 서는 일도, 내가 찍힌 사진을 보는 일도 내키질 않았다. 보이는 사람은 분명 나인데 꼭 모르는 사람인 양 고개를 휙 돌리곤 했다.

그건 오늘도 마찬가지였다. 이런 상념들일랑 그만 외면하고, 아이 연필이나 깎으며 해를 맞았다. 왜인지 이 일에는 작지 않은 정성이 담기는 것이다. 아무 생각 없이 매달리기 좋은 소일거리. 그런데 이 아침엔 그조차 잘되질 않는다. 끝 모르고 내달리던 생각은 마침내 엊그제 아이의 말에까지 닿았다.

"엄마, 시간은 어디로 가요? 참 빠르다. 가속도가 붙나? 아홉 살도 반이 지났어."

아아, 정말. 우리 아가 고운 아홉 살이 반이나 지났네. 그러곤 무어라 말해야 할지 몰라 무한정 아이 등만 쓸어내렸다. 정말이지 나는 알 수가 없어서.

그런데 오늘이 날은 날인 건지, 휴대전화마저 '5년 전 오늘'이라며 사진 몇 장을 살포시 밀어준다. 이번엔 차마 고개를 돌리지 못하고 사진 속의 나를 물끄러미 바라봤다. 아이와 웃고 있는 서른 몇 살의 젊은 여자. 꼭 어느 영화에서 보고는 쥐도 새도 몰래 잊어버린 인물 같은데. 그 순간, 그토록 알 수 없던 말, '영어 I(나)에 붙는 be동사의 과거형은 삼인칭 he/she에 붙는 was와 같다'는 말이 나의 시제로 이해되기 시작했다. '과거의 나'는 더는 내가 아닌 타자이므로 마치 he나 she처럼, was가 붙는다는 해석에 넋을 잃고 감탄했었다. 아마 멋지다고 생각했을 것이다. 매일 새 세포로 구성되는 몸과 매 순간 처음 드는 마음을 품고 살아가는, 어제의 나는 오늘의 나와 정말 다른 인물인지도 모르겠다고.

하지만 여전히. 나는 그네들처럼 과거의 나를 남으로 뚝 떼어놓고 살지는 못하겠다. 그건 너무 매정하게만 느껴진다. 다만 나는 객이로구나, 그런 생각이 들었다. 요 몇 년새 나만 해도 그렇잖아. 입덧과 먹덧을 오가며 퉁퉁 부었던 나, 잠을 못 자 떼꾼한 얼굴, 빨갛게 언 손으로 유모차를 낑낑 밀던 사람은 어디로 갔을까? 스치듯 지나가버린 사람. 그때의 나. 내 삶에 잠시 들렀다 돌연히 사라진 어떤 손님. 왜 더 많이 아껴주지 못했을까. 왜 그 자체로 고이 바라봐주지 않았을까. 나를 스쳐간 모든 계절이 귀하듯 내 모습도 그럴진대 끝내 바꾸려고, 보내려고만

했던 게 이제 와 안쓰럽고 미안하다. 아무래도 꿈결에 윤동주 시인이 다녀간 모양이다. 말없이 함께 서서, 그의 우물을 들여다보자고.

(…)
우물 속에는 달이 밝고 구름이 흐르고 하늘이 펼치고
파아란 바람이 불고 가을이 있습니다.

그리고 한 사나이가 있습니다.
어쩐지 그 사나이가 미워져 돌아갑니다.

돌아가다 생각하니 그 사나이가 가엾어집니다.
도로 가 들여다보니 사나이는 그대로 있습니다.

다시 그 사나이가 미워져 돌아갑니다.
돌아가다 생각하니 그 사나이가 그리워집니다.

우물 속에는 달이 밝고 구름이 흐르고 하늘이 펼치고
파아란 바람이 불고 가을이 있고 추억처럼 사나이가 있습니다.

— 윤동주, 〈자화상〉

옛날에, 옛날에. 오늘은 빛나는 내일이었다. 거기엔 빛나는 한 사람이 있었다. 어쩌면 그 사람과 멀어졌음을 아프게 알아챈 사람만이 동주 시인의 우물을 보게 되는지도 모르겠다. 그러나 그 사람을 영영 잃은 건 아니기에, 어쩌면 먼 길 돌아 웃으며 만나질 수도 있기에 무엇도 탓하진 아니하고. 미워졌다 가여워졌다 종내는 그리워지는 사나이. 그래, 지금의 날들과 여기의 나도 매한가지일 테지. 우물 속을 흐르는 구름처럼, 저 가지에 잠시 앉았다 가버리는 달처럼, 불현듯 다가드는 추억처럼 내 곁을 지나는 손님일 테지. 따뜻하게 웃어주고 힘껏 손 흔들어주고 정답게 고개를 끄덕여주지 못할 이유가 다 무얼까.

이제는 다시 못 올 손님 보듯 나를 대하고 싶어진다. 그러면 나는 여전히 부족한 사람이지만 알맞게 우려진 차 한 잔에 기쁘고 온종일 본 게 구름뿐이라도 마음이 무겁진 않을 테다. 어느 틈엔가 이런 나로 잠시 머물러 있어도 괜찮겠다는 인내가 살그머니 움틀지도 모른다. 계절도 시절도 아이를 닮아 빠르게 자라나니, 새로운 계절에 맞는 옷을 꺼내 입듯 새로운 자신을 하나씩 벗고 또 입으며 우리는 앞으로 나아간다. 그렇게 걷다 보면 해가 뜨고 달이 이울어지는 것도 한순간이겠지.

오랜만에 아이와 뺨을 맞대고 거울 앞에 섰다. 올여름 햇살이 뺨 위에 작은 점으로 맺혀 있다. 하도 웃어서 눈가에 주름도 살짝. 질색하지 않았다. 다만 근사하다 생각했다. 이것은 우리가 즐거웠던 흔적. 한 해의 반이 지나간 자국. 당최 밉지가 않아서, 그냥 두어도 온당한 것이 되어버렸다.

아직은 내가 젊고 아이가 어린 날들이다. 아이와 등굣길을 걷는 나, 온 맘 들여 그 애 연필을 깎는 나, 까만 밤 토끼 눈으로 글을 쓰는 나. 철 좀 났나 싶어 봐도 여태 서른 몇 살. 여전히 툭하면 뭉클하고 자잘한 일에 몰래 않는, 그 여자를 나는 종종 그리워하게 될지도 모르겠다.

복을 짓는 일이란다

    첫 책이 나오고 며칠쯤 지났을까, 엄마가 수줍은 얼굴로 노트 한 권을 내미셨다. 얼핏 봐도 노릇노릇 잘 낡은 노트의 정체는 엄마의 오래된 일기장. 내 책을 읽으시곤 당신의 일기가 생각나셨다는 엄마는 신발을 신다 말고 내 어깨를 기울이시더니 가만 속삭이셨다. 있지, 좀 쑥스러우니까 혼자만 봐. 예의 사춘기 소녀 같은 주문과 함께 엄마는 총총 집을 나섰고,

    — 병원에서. 198▲年 7月 1日 〈▲▲병원 8120호실〉

    달칵. 문이 닫히자마자 펼쳐 본 첫 장에서는 와락 이런 말이 뛰쳐나왔다.

오래전 어느 여름밤, 원인 모를 고열로 몇 날을 끙끙 앓던 엄마는 결국 큰 병원에 입원을 하게 된다. 품에 젖먹이가 있었으니 쉽지 않은 결정이었다. 놀란 할머니가 달려오고 아빠의 오랜 설득 끝에야 겨우 입원 수속을 마칠 수 있었다고.

오후가 되자 8120호실로 사람들이 하나둘 찾아들었다. 닭을 푹 곤 보온밥솥을 땀을 뻘뻘 흘리며 들고 온 할머니와 할아버지, 엄마 곁에서 쪽잠을 잔 아빠, 축 늘어진 엄마를 보고 그만 울어버린 외할머니, 불쑥 나를 안고 찾아온 이모, 엄마를 보자 삐죽대며 우는 나. 그렇게 내가 그려볼 수 있는 가장 다정한 얼굴들이 파도처럼 무진무진 엄마 곁을 왔다, 간다.

이다음 이야기는 나도 잘 알고 있다. 엄마의 입원이 길어져 나는 몇 주간 외갓집으로 내려가 있게 된다. 그때 내가 엄마 사진 아래서 참 섧게도 울었단 이야기, 외할머니 젖을 어찌나 빨아댔던지 원, 할머니 젖이 다 나왔다는 이야기, 흰둥 강아지와 데굴데굴 잘도 놀았다는 이야기. 전설처럼 오래오래 들어온 그런 이야기가 이 노트 안에선 마치 오늘 일인 양 싱그럽다.

7월이었으니 외할아버지의 마당이 훤했으리라. 나를 위해 매끼 따뜻하고 무른 밥을 지으셨을 외할머니가 젊으셨으리라. 내친김에 나는 눈을 감고 그날들을 그려본다. 슬프게도, 내게 이야기를 들려주셔야 할 두 분은 이미 돌아가시고 외갓집도, 그날의 사진도 남아 있지 않으니 나 혼자 마음껏 상상이나 해

보는 것이다. 때마다 기억에도 없는 그런 추억들이 지금껏 나를 떠받치고 있었구나, 하는 생각이 든다. 좋은 한편 먹먹하다. 그때, 그 복더위에 돌쟁이 하나 건사하려고 얼마나 많은 이가 동동대며 마음을 졸였을지. 이제 나도 조금 더듬어볼 만하게는 되어놔서.

'짓다'란 동사를 좋아하게 된 것도 이때부터다. 그러니까 내게 필요한 것들을 살뜰히 지어주신 분들의 수고를 떠올리게 된 후로. 육아하고 살림하며 글을 쓰는 요즘 나의 생활은 온통 '짓는' 일로 고여 드는구나, 하는 걸 스르르 알았다. 아침부터 밤까지 나는 온갖 것을—모락모락 밥을 짓고, 편안한 공간을 짓고, 잘 마른 옷을 다려 새 옷처럼 좋게 짓고, 복사꽃처럼 웃음 짓고, 안개처럼 한숨짓고, 가만 눈물짓고, 그날 집 안의 공기와 온도를 지어다 얼기설기 생활을 짓고, 숫제 마음을 짓고, 복받친 감정의 이름을 짓고, 아른아른 꿈을 짓고, 가족의 이야기와 기억을 너울너울 지어서는 또 그렇게 소복소복 글을—짓는다.
'짓다'란 말 안에는 기본적인 생활을 직접 만들어가는 이의 단단한 주도성과 정성 깃든 보드라운 마음이 나란히 녹아 있다. 온갖 오밀조밀한 것들을 지어내는 일. 이제껏 대단히 여긴 적도 없고 내 일이 될 거라곤 생각지도 않았던 그런 일들이 지금 내게는 무척 중요한 일임을 나날 깨우친다. 예닐곱 번 힘들

다, 귀찮다 하다가도 다음번엔 불쑥 즐거워지기도 하니 그게
퍽 신통키도 하고.

남편과 찻잔을 두고 마주 앉는 밤이면 따뜻한 가정을 짓자
는 얘기를 첫날처럼 나눈다. 그러면 우리의 하루가, 우리 삶의
한가운데가, 나아가 우리 사는 세상 한구석이 조금은 아름다워
질 거라고 우리는 변함없이 믿고 있다. 게다가 우리 손이 아이
생의 전반부를 짓는 데 보태지고 있다, 생각하면 무얼 하든 좀
더 정성이 들어가고 영차, 힘도 내보게 되는 것이다.

엄마는 오랫동안 '워킹맘'이셨다. 그때나 지금이나 당신 살
림은 물론 시댁과 친정 식구들을 보살피고 월간지를 펴내며 전
시회를 열고 틈틈이 봉사도 다니신다.

"엄마는 어떻게 그걸 다 했어요? 우리 어릴 때. 안 힘들었
어?"

뜬구름만 바라보다 그만 숨이 푹 주저앉는 날이면 나는 엄
마의 어린 딸로 돌아가 투정하듯 그렇게 묻곤 했다. 이미 다 아
는 그 답을, 엄마 목소리로 자꾸만 듣고 싶어서.

"복 짓는 마음으로 했지. 그렇게 지은 복 다 너희에게 가기를
기도하면서. 작은 일이든 큰일이든 사랑 담아 그저 귀하게 하
면 그게 바로 복 짓는 일이 되는 거란다."

이 대답이 아프도록 좋아서. 이때 드는 아릿함의 끝에 '맞아.

복이란 것도 결국 내 손으로 지어가는 거지' 하는 생각까지 더해지면 순식간에 연한 힘이 돋는 것만 같아서.

언젠가는 꼭 나 혼자서 큰 것만 같은 날들이 있었다. 그러나 기억하지 못할 뿐 나는 얼마나 많은 이의 기도와 눈물로 이만큼 자랐는지, 또 살았는지. 모두가 밉다가 그만 내가 제일 미워져버리는 날도 많았다. 하지만 어느 날 누군가에게 나는 얼마나 큰 기쁨이고 축복이었는지, 이 낡은 일기장이 아니었더라면 나는 아마 끝내 몰랐을 터다.

엄마의 일기를 열고 홀로 앉은 밤. 이 안에 든 소박하고도 위대한 마음을 잊지 않으며 잘 살고 싶다는 생각을 했다. 아낌없이 사랑하며, 구석구석 온화롭게. 움켜쥐고 살 것도 많지 않지만, 언제고 돌아봤을 때 후회할 것도 없이 홀가분한 모양새로. 그렇게 잘 살고 싶어졌다. 매일매일 따스한 글과 밥과 마음을 지으며. 사랑하는 사람들과 토닥토닥 정다웁게. 이를테면, 복을 짓듯이.

"엄마는 어떻게 그걸 다 했어요?
우리 어릴 때. 안 힘들었어?"

"복 짓는 마음으로 했지.
그렇게 지은 복 다 너희에게 가기를 기도하면서.
작은 일이든 큰일이든 사랑 담아 그저 귀하게 하면
그게 바로 복 짓는 일이 되는 거란다."

어쩌면 가장 반짝이는

"너 방학 없는 삶을 상상할 수 있어?"

그건 '왜 교사가 되고 싶냐'는 내 질문에 대한 선배의 답이었다. 나도 그와 같은 공부를 하고 있었지만, 교사가 되고 싶지는 않았다. 늦은 감도 없잖았다. 나는 이제껏 도서관에서 시집이나 팔랑거리던 한량이었는걸. 모두가 고시 모드에 돌입할 무렵에야 조금씩 불안해지기 시작했다. 그러나 여전히, 왜 교사가 되어야 하는지 스스로를 설득할 수 없어 영 내키지 않았다. 우리 중 가장 열심히 공부하는 그녀라면 좋은 답을 줄지도 몰라. 기대하며 그렇게 물었다. 비록 '방학'이란 답에 맥이 풀리고 말았지만.

대학 졸업을 앞둔 그때까지도 나는 방학이 참 별로였다. 방학이면 하는 일 없이 늘어지거나 이리저리 바빠져야 했으니까.
천천히 고개를 끄덕이며 역시 내겐 교사가 되어야 할 이유가
하나도 없구나, 그렇게 생각했다.

어린 내게 여름방학은 특히 무시무시한 것이었다. 세상의
모든 여름이 그토록 짜릿하다는데, 내 여름은 늘 침착하기만
했다. 게다가 여름이면 아마도 더 낮아지는 혈압 탓에 구름 위
에 올라앉은 것처럼 종일이 멍하고 어지러웠다. 그런 나를 구
제할 수 있는 수단은 책뿐이었다. 여름에, 기나긴 방학에, 나는
아침부터 저녁까지 모로 누워 《작은 아씨들》이나 《허클베리
핀의 모험》을 읽었다. 좋아하는 책을 읽느라 정작 숙제로 읽어
야 할 책들은 울며 겨자 먹기로 읽어야 했지만, 어쨌든 일상의
강요 밖에서 한가로이 책을 읽는 건 눈이 부시도록 큰 기쁨이
었다. 나에겐 그 순간이 바로 여름이자 방학이었다. 부모님 손
에 이끌려 유원지나 바닷가에 가는 건 도리어 좀 번거로웠다.
어지간해선 친구들을 호출하거나 부모님께 어딜 가자고 조를
이유가 내겐 없었다. 그렇게 책을 좀 읽다 보면 선생님과 친구
들이 못 견디게 보고 싶어졌고, 어느새 새 계절이 설레는 눈짓
을 보내왔으니까.

"나는 방학마다 외국으로 여행을 갈 거야. 너도 한번 생각해

봐. 방학 없는 삶이 어떨지."

　수험서들을 그러쥔 선배가 버스에서 내리던 순간, 어쩌면 그 조용한 방학들이 나를 여기로 이끈 게 아닐까 하는 생각이 스치듯 들었다. 어린 나는 왜 그리 무기력했을까? 방학이란 게, 누군가에겐 직업 선택의 기준이 될 정도로 좋은 건가 본데 내겐 참 그렇질 못하네. 버스에 남아 그런 생각을 하다 몇 정거장인가를 더 지나쳤다. 그러곤 살며시, 방학 없는 삶 쪽으로 걸음을 옮겼다. 운 좋게 원하던 회사에 들어갔고 어쩌다 한 번씩 선배 얼굴이 떠올랐지만 그뿐이었다. 아이를 낳고는 일 년에 적어도 세 번, 그러니까 방학 시즌마다 선배 생각이 났다. 때마다 이렇게 말하고 싶었을 것이다. 그런데요, 선배. 아기가 생기면 방학도 다 끝이에요.

　그렇게 나는 방학 없는 엄마가 되었고 내 아이가 자라 또다시 방학의 순간들을 하나둘, 맞이하는 요즘이다. 여름이면 시들어가던 나와 달리 아이는 어쩜 여름에 더욱 활달한지, 쿠당탕탕 달음질하고 꼼지락꼼지락 모의 작당을 벌이고 새록새록 책을 읽고 좋아하는 영화도 돌려보며 꽤 선선하고 괜찮은 시간을 지어나간다. 나 역시 그 곁에서 하루를 난다. 여름엔 전신주 전선처럼 시간도 주욱 늘어지는 게 분명해. 왜 있잖아, 달리의 그림처럼. 그런 생각은 물론 찬장 속 그릇들 틈에다 꼭꼭 숨겨

둔 채로.

그런데 참 신기하기도 하지. 오전 할 일을 다 마치고 안 해도 될 일까지 싹 거두어 했는데도 시간은 가지 않았다. 혹시 시계가 멈췄나 싶어 휴대전화 시계를 다시 확인해봤지만, 그도 아니다. 남편이 조금 미안한 기색으로 "자아, 둘이 재미있게 보내" 하고 출근한 아침부터 지쳐 돌아오는 밤까지 아이와 단둘이 보내는 여름 하루는 길기만 하다.

그렇대도 아이가 무료한 표정으로 모니터 앞에 너무 오래 앉아 있거나 먼 데 사는 이모 집에 가고 싶다고 투정하는 날이면 마음이 무너진다. 아이만 할 때, 내가 자의로 집에 있었다면 지금 아이는 타의로 여기 있는 게 아닐까. 나가더라도 갑갑한 마스크를 쓰고 나가야 한다. 이 염천엔 아무래도 무리다. 참자, 참자. 평생의 방학을 내 뜻대로 누려본 내가 조금 더 너그럽자. 자꾸만 다짐하는 이유다. 그러나 지친다. 더위에 지치고 서두르려는 마음에 지친다. 개학이란 게 오긴 올까, 오래지 않아 나도 모르게 손가락을 꼽아보게 되는 것이다.

여름의 더위와 습기를 지나며 내가 가장 염려한 것은 밀착해 지낼 수밖에 없는 작금의 아이와 내가 이대로 '통풍 안 되는 관계'로 굳어지면 어쩌나 하는 것이었다. 단지 나도 힘들어서 그러는 건데, 그로 인해 혹시라도 아이 마음이 상하진 않을지.

그 생각뿐이었다. 그럼에도 짜증과 불만은 툭툭 튀어나왔다.

늘 아름답고 편하기만 한 삶이 있겠는가. 그러나 요즘 나는 조금 많이 지친 것 같다. 자꾸 방금 젖 뗀 아이처럼 앙앙 울고만 싶어진다. '대단한 소망을 가졌던 것도 아니고, 그저 내 아이와 잘 지내보고 싶다는 건데. 할 수 있는 게 고작 이 정도였어?' 픽, 풍선에서 바람 빠지듯 내 안의 무언가가 가파르게 빠져나간다. 잠시 어디라도 들어가 실컷 울고 오면, 그러면 나 조금 괜찮아질까.

그래, 이 시국에 힘든 게 어디 아이뿐이겠어. 아이의 모든 걸 맨몸으로 받아내야만 하는 부모도 힘들다. 엄마니까 더 튼튼해야지 다짐할수록 더 많이 삐걱댄다. 실은 나도 부모라는 이름으로 살게 된 지 몇 해 안 된 병아리 엄마인데 세상이 아이에게 좀 더 안전한 곳이었으면 하는, 어른으로서 느껴야 할 책임의 무게까지 지고 있으려니 그럴 만도 하지 않을까. 이번에도 그렇게 휘청이다 푹 고꾸라질 때쯤 예감했다. 아, 칼릴 지브란의 시가 내게 올 때로구나.

그대는 신의 활,
그대의 아이들은 살아 있는 화살입니다.
그대로부터 쏘아져 곧장 앞으로 날아가지요.
사수는 아득한 무한으로 뻗은 과녁을 겨누어,

전능하신 힘으로 화살이

저 멀리, 빠르게 날아가도록 그대를 돕습니다.

그러니 그대 신의 손에 당겨짐을 기뻐하세요.

그분은 날아가는 화살을 사랑하시는 만큼,

그 화살을 쏘아 보낸,

거기 있는 활 또한 사랑하시기 때문입니다.

— 칼릴 지브란, 〈예언자〉 중 '아이에 관하여', 저자 역

이 시가 내게로 와 안부를 묻고 위안을 건넸던 건, 맞아, 늘 이런 때였지. 신은 먼 앞날을 살아갈 아이들만큼이나 '쏘아 보낸 활' 그러니까 여기의 부모 역시 귀하게 여기시며 부모 또한 축복받아 마땅한 존재임을 나는 왜 그리 쉽게 잊곤 하는지. 그렇게 가만히 눈을 감고 토닥토닥 기운을 차려 가까스로 이불 동굴을 빠져나왔다.

잠깐인 줄 알았는데 어느새 하늘에 엷은 달이 걸린 저녁이었다. 좀 전까지 입이 나와 있던 아이도 그새 순해져 "엄마 오래 잤네. 많이 피곤했어요?" 하며 염려 섞인 눈길로 나를 바라본다. 아아, 이제 되었다. 아니, 그거면 되었다.

늘 하던 대로 어지럽혀진 집 안을 단정히 돌이키고 뚜걱뚜걱 저녁을 짓고 아이의 고집과 투정을 참다 화를 내고 자책도 하며 손에 익은 일들을 하면 될 것이다. 냉장고에서 맛있는 과

일을 꺼내 먹고 남편에게 좋아하는 꽃을 좀 사다 달래고. 따뜻한 물로 씻고 파촐리 향이 근사한 보디 로션을 듬뿍 바르고. 머리맡의 읽고 또 읽은 낡은 책을 펼쳐 또 읽다가 푹 자고 일어나면. 거짓말처럼 다 좋아지겠지. 그러면.

이튿날 아침. 동이 틀 무렵 알람 소리에 눈떠 커피를 내리는데 아이가 따라 나왔다. 막 일어난 얼굴치곤 방싯방싯 참 예쁘게도 웃고 있기에 물었다.

"좋은 꿈 꿨니? 우리 아가 웃고 있네."

"아-아니, 그냥 좋아서요. 방학이잖아! 오늘이 아직 많이 남았어."

아이는 오이꽃처럼 노랗게 밝아오는 창문을 바라보며 달콤하게 말했다. 순간 나는 이 여름이, 길고 긴 방학이 언제 끝날까 손가락을 꼽는 대신 아이의 매일을 축하하기로 마음먹었다. 세상에 이 얼마나 꿈 같은 일이야. 정말로, 얼마나 축복받을 만한 일이야. 자라나는 한 사람 앞에 이 뜨거운 계절이, 일 년의 한중간이 통째로 펼쳐져 있다는 게. 이제 막 태어난 깨끗한 오늘이고 작은 손안에 고스란히 쥐어져 있다는 게. 아이는 지금 쭉 달려보고픈 멋진 대로를 만난 심정이 아닐까. 소년의 눈앞에 놓인 것은 여름방학. 생애 단 한 번뿐인, 열 살의 여름, 방학.

그 마음에 기대어 방학의 설렘을 새로이 엿본다. 어린 날 아쉬운 줄 모르고 흘려보내던 단어를 주머니에 넣고 처음인 양 기쁘게 만지작거린다. 종종 휘파람 불 듯 가만히 불러보기도 한다. '여름방학' 어쩌면 세상에서 가장 귀엽고 반짝이는 말인지도 몰라, 그렇게 생각하며.

육아의 맛

　투정을 부릴 요량이라면 얼마든지 있었다. 정말이지 너무 뻔하다 싶은 영화의 제목이라든가, 영화 내내 가스파르 울리엘의 고운 얼굴을 가렸던 얄미운 재 가루라든가, 전쟁 신에선 기어이 눈을 감아버리고 마는 나의 소심함이라든가. 어떤 걸 붙여봐도 그럴듯했다. 장 피에르 주네 감독의 〈인게이지먼트〉를 보고 느꼈던 묘한 고립감과 열패감에 대한 변명을 늘어놓자면 그렇다. 주네 감독의 여타 작품들과 마찬가지로 나는 이 영화를 좋아한다. 심지어 매우 좋아한다. 그런데 대체 왜일까. 영화를 보고 나면 한동안 멍하니 '꿀 바른 빵과 코코아' 생각뿐이다. 이상했다. 이 멋진 영화를 보고 고작 '빵' 따위를 떠올리는 사람은 세상에 나 하나뿐일 거야. 조금 우스워져서 몇 번이고 각 잡고 영화를 돌려봤지만 마찬가지였다. 엔딩의 여운이 감겨오기도 전에 막무가내로 달려드는 건 마넥이 전쟁터에서 간절히 원했던 음식, 꿀 바른 빵과 코코아였다. 그가 사슴 같은 눈빛으로 "꿀 바른 빵과 코코아가 먹고 싶어요"라 말하던 찰나에 관해 누구라도 붙잡고 밤새 이야기 나누고 싶었다. 허나 그럴 수 없어 결국 노트를 열고 뭔가를 끄적여야만 했던 스물둘. 돌아서면 배가 고프던 시절이기는 했다.

물론 당장에라도 꿀 바른 빵과 코코아를 그려볼 수야 있었다. 괜찮은 조합이지만 청년 병사의 주린 배를 채우기엔 빈약해 보인다. 끈적하니 달기만 할 것 같고. 그 음식엔 대체 어떤 추억과 이야기가 담겨 있는 걸까? 마넥은 그로부터 어떤 위안을 기대했을까? 연인, 고향, 친구, 가족, 어느 순간. 생사가 달린 절체절명의 상황에서 간절히 붙잡고 싶을 만큼 그리운 맛에는 응당 그런 게 스며 있을 터였다. 말하자면 소울 푸드. 어쩌면 한 시절의 맛. 그렇게 이리저리 공상의 퍼즐을 맞춰보며 몇 해를 났다. '코코아'란 말을 들으면 자동으로 '꿀 바른 빵'이 떠오르게 되었을 즈음, 질문은 그 모습을 조금 바꾼 채 내 앞에 당도했다.

'내게도 그런 음식이 있을까?'

그러니까 한 시절의 맛. 삶이 유난히 아슬아슬하고 뾰족하게 느껴질 때마다 틀림없이 그리워질 맛. 지금 내겐 '육아의 맛'

이라 해도 좋을, 바로 그런 맛.

첫 번째 육아의 맛: 커피

가장 먼저 떠오른 건 단연 커피였다. 임신과 수유를 마치고 근 이 년 만에 커피와 재회하던 날을 기억한다. 호기롭게 커피를 사 들고 쪼르르 서점으로 달려가 책을 샀다. 잠 없는 밤, 조용히 내 책 읽을 생각에 아침부터 중요한 데이트를 앞둔 사람마냥 어찌나 설레던지. 아이가 잠들면 그렇게 한참을 사부작대다 새벽이 가실 무렵 잠이 들곤 했다. 좋지 않은 순환이기에 오래가진 못했지만, 가끔 누리는 그런 밤은 그 무렵 내게 가장 황홀한 일탈이었다.

매일 인내심과 체력의 한계를 갱신하는 엄마들에게 커피는 둘도 없는 아군이자 동지일 터. 한 잔의 액체가 어쩜 이리 힘이 센지, 아이와 종일 나가 놀던 시절에는 내 몸속에 피가 아닌 커피가 찰랑대는 느낌마저 들었다. 커피를 줄인 지금도 '커피 수혈'이라는 말 앞에선 얌전히 고개를 끄덕인다.

고백컨대 나는 커피가 잘 맞지 않는 사람이다. 아메리카노 반 잔만 마셔도 머리가 핑글대고 심장이 쿵쿵대는 게 기분이 영 마뜩잖다. 하여 전에는 '힘든 일'이 있는 날에만 커피를 마셨다. 가령 시험 전날이나 마감 날, 또는 해외여행지에서만. 그러나 아이의 엄청난 체력을 따라잡기 위해 기댈 곳은 커피뿐이었다. 그렇게 몇 잔의 커피가 나른함을 앗아가면, 최대치로 종종 댔다. 몸과 마음이 풀가동되었으나 쉬이 잠들 수 없는 극한의 피곤과 허무를 그쯤에서 맛보았다. '잠 없는 삶을 네게 줄게.' 커피는 언제나 내게 달콤한 강요와 쌉쌀한 위로를 동시에 건네는 기묘한 존재였다.

색색의 캡슐과 질 좋은 원두, 노란 믹스 커피를 모두 구비했음에도 그 맛을 느낄 수는 없었다. 그저 깨어 있기 위해 약처럼 삼키곤 했으니. 그로 인한 속 쓰림과 불면이 불편해진 요즘은 천천히 커피를 줄이고 있다. 나날이 순한 허브차가 불어나는 찬장을 보며 커피로 인내하던 전쟁 같은 시절이 가고 있음을 절감한다. 울고, 조르고, 떼쓰던 아이와 부대끼며 억지로 커피를 털어 넣던 날들이 다 어디로 간 걸까? 반갑고도 아쉬운 감정이 찻잔 위로 뭉게뭉게 피어오른다. 가만 보니 육아는 커피와 꽤 닮아 있다. 뜨겁고, 달고, 쓰다.

아이는 내가 지쳐 보이면 "엄마 내가 커피 해줄까요?" 하며 갓 만든 커피를 건네온다. 뿌듯한 미소로 내 손에 따뜻한 커피 잔을 쥐여주던 그 천진한 위로를 오래오래 잊지 못할 것이다. 커피 잔에 김이 오른다. 그 사이로 아이 키우는 날들이 흘러가나 보다.

두 번째 육아의 맛: 미역국

미역국을 좋아한다. 재주 부족한 새댁이 후루룩 끓여도 그럭저럭 맛있는 국이자 잠을 설친 새내기 엄마의 까칠한 속을 부드럽게 다독여주던 순한 음식. 이래저래, 미역국엔 소담한 기억도 많다. 어린 날엔 눈 뜨자마자 먹는 미역국과 찹쌀밥 때문에 생일을 더욱 기다리곤 했다. 엄마는 따끈한 미역국을 호호 불어 한 숟가락 가득 입에 떠 넣는 우리를 흐뭇한 미소로 바라보셨다. '아침 생일상에 오른 미역국을 다 먹어야 생일 주인공이 건강하다'는 말을 우리 가족은 철석같이 믿었다. 하여 아무리 바쁘거나 배가 불러도 생일상에 오른 미역국만큼은 충실히 비워냈다. 서로를 향한 지극한 예의이자 다정한 기도처럼.

아이를 낳고는 조리원 방침대로 매끼 미역국을 먹었다. 모유의 질과 양을 좋게 한다는데, 사실 나는 입맛에 맞아 그저 즐겁게 먹었다. 미역의 요오드 성분을 너무 먹어도 안 좋다는 말이 아쉬울 정도였으니까. 집에 와서도 한동안 미역국이었다. 맛있고, 쉽고, 몸에도 이로우니 그보다 더 좋을 순 없었다. 그러나 가장 큰 이유는 역시 '빨리 먹을 수 있어서'였다.

찬밥 한 덩이를 뜨거운 국에 설설 말아 훌훌 넘기면 허하다 못해 회가 동하는 배 속이 금세 따뜻하게 가라앉았다. 입안을 데든 말든, 엉거주춤 부엌에 서서 미역국 한 그릇을 마시듯 먹었다. 그러면서도 눈은 아이에게서 떼지 못했고 입은 노래를 부르거나 책을 읽느라 두 배로 바빴다. 더러는 잠든 아이를 업고 있기도 했다. 우는 아이랑 같이 줄줄 울며 먹던 날도 많았다. 나, 울면서도 밥을 이리 잘 먹는 사람이었던가. 어떤 상황에도 굴하지 않고 주린 배를 채우겠다는 그 결연한 의지가 놀라울 뿐이었다. 꺼이꺼이 울면서도 열심히 비빔밥을 먹던 드라마 주인공의 심정이 단박에 이해되던 순간. 아무래도 수유를 하던 시기였으니 마음가짐이 좀 달랐지, 싶다. 정말 본능적으로 잘 먹었다. 뭐 먹지? 싶다가도 미역국이 담긴 냄비만 상기하면 마음이 탁 놓였다. 거기에 윤기 나는 따뜻한 밥과 잘 익은 깍두기까지 있다면, 그날은 잔칫날이었다.

요즘은 나만큼이나 미역국을 좋아하는 아이와 나란히 앉아 여유롭게 미역국을 뜬다. 이쯤 되면 평생 소울 푸드래도 손색이 없다. 아이가 미역국을 유난히 좋아하는 이유도 그 안에 엄마인 내 기억과 마음이 빼곡히 녹아 있기 때문은 아닐까?

국 한 그릇을 게 눈 감추듯 비운 아이가 "밥이랑 국 더 주세요!"를 외친다. 소고기 미역국, 가자미 미역국, 모시조개 미역국, 맹 미역국… 미역국이라면 그저 다 좋단다. 고소하게 감치는 바다의 맛. 어쩌면 이 맛이 아이에겐 '유년의 맛'이 될지도 모르겠다.

여기까지 쓰다 문득, '사랑하는 아내를 위해 미역국을 끓이는 내 아들의 뒷모습'을 상상했다. 대단한 요리라도 하듯, 앞치마까지 두르면 더 폼이 날 것이다. 친정 엄마 생신날, 미역국을 처음 끓여본 아빠가 미역이 우루루 불어나 당황하셨다던 재미난 이야기도 떠올랐다. 아이에겐 양 조절을 당부해야겠다. 앞치마는 슴슴한 비둘기색 리넨이 좋겠다는 말과 함께.

꽃말처럼 음식에도 상징하는 말이 있다면 어떨까 종종 생각한다. 그렇다면 꿀 바른 빵과 코코아, 커피와 미역국이 전하는 말은 '그런 날도 있었지. 이제 마음 놓아요'일 것이다.

한 시절이 끝날 때

랭보의 시를 좋아한다고 했다. 모른 척할 수가 없었다. 나보다 네댓 살이 어린 그녀와 나는 심미관과 취향이 빈틈없이 같았다. 모딜리아니의 셔츠와 브로이어의 의자에 대해 같은 온도로 밤새 이야기 나눌 수 있는 사람. 취향은 때로 인생을 함축하는 바, 우리는 자라온 환경과 타고난 성정마저 비슷했다. 흥미로웠다. 나와 닮은 이가 세상 어딘가에 발붙이고 살아간다는 사실만으로도 종일 배가 불렀다. 그러니까 이 생경한 뿌듯과 안도는, '취미는 달라도 취향은 같아서'.

랭보로부터 라파엘 전파, 환기 미술관과 부암동 떡집, 드뷔시와 폴리니, 즐겨 읽는 잡지와 좋아하는 에디터까지. 이토록 완벽하게 해독이 가능한 사람은 처음이었다. 너무도 투명하게

드러나는 그의 속이 오히려 아연할 지경이었다. 에밀리 브론테가 말한 '나보다 더 나를 닮은 사람'이 내 삶에 있다면, 그녀였으리라.

어느 날 그녀로부터 다니던 회사를 그만뒀다는 연락을 받았다. 밑도 끝도 없이 글을 쓰고 싶다고, 글 쓰는 일이 직업이 될 수 있음을 이제야 알았다며 웃는 그녀를 온 맘으로 응원했다. 나도 그걸 몰랐으니까. 그래서 어울리지도 않는 회사에 저당 잡힌 채 이십 대를 보내야 했으니까. 이제부터는 무엇 아닌 자신만을 위해 살겠다는 그녀의 당찬 목소리는 차라리 꿈만 같았다.

그렇게 자아를 찾아가는 그녀를 멀리서 지켜보았다. 이따금 쓰러져도 여린 마음을 추스르며 일어나는 그녀에게선 빛이 났다. 때마다 내가 가지 않은 길을 그녀가 대신 가줄 것만 같은 하릴없는 기대가 들었다. 나란 사람이 집에서 허둥지둥 닳아가는 순간에도 그녀는 그렇지 않을 것이었다. 어쩌면 그녀는 내가 선택한, 나의 '도리언 그레이(오스카 와일드의 소설 《도리언 그레이의 초상》 속 인물. 그 자신은 늙지 않고 아름다운 젊음으로 남는 대신 그의 초상화가 늙어간다)'가 아니었을까?

얼마 후 그녀는 유명 패션지의 에디터가 되었다. 낯선 활기를 휘감은 그녀가 최신의 것들을 이야기할 때면 나는 소리 없이 좌절했다. 디자이너들, 빈티지 와인과 줌파 라히리의 새 책, 금주에 개봉한 영화에 대해 나는 대체 무어라 말해야 할까. 이제 내 앞에는 그런 것들보다 만 배는 더 중요한—아이 기저귀 떼기, 아이 반찬 만들기, 놀이터 동지들과 나눌 수다 밑천 챙기기 등—일이 산적해 있었다. 세상의 온갖 근사하고 반짝이는 것들을 읊는 그녀의 목소리에 어찌할 도리도 없이 무너져 내렸다.

한때는 나도 그랬다. 보이지 않는 세계를 열렬히 사모했고, 사람의 말로 대화를 나눌 수 있는 '어른'들과 일했다. 여전히 그녀를 응원했지만, 때마다 자유롭고 뜨겁던 시절을 향한 그리움이 쌉쌀하게 달라붙었다.

어느 날 그녀가 내게 작은 꾸러미를 보내왔다. 출장 차 들른 뉴욕에서 사온 향수라고 했다. '르 라보'. 아이 옷가지를 챙기느라 어깨와 턱 사이에 아슬아슬 끼고 있던 수화기로 처음 듣는 향수 이름과 경쾌한 웃음소리가 구르듯 넘어왔다. 고마웠다.

"아휴, 바쁜데 뭐하러 이런 걸 다 챙겼어."

아직 아이가 어려 향이 강한 향수는 쓸 수 없다는 말은 뒤에다 곱게 숨겨두고.

전화를 끊고 우두커니 향수 상자를 바라보는데 아이가 내게 매달려왔다. 그제야 내 옷과 발밑이 온통 축축하다는 걸 알았다. 그렇지, 나는 지금 아이를 씻기고 나온 참이었지. 이제는 버둥대는 아이를 붙잡고 한바탕 '로션 전쟁'을 치러야 할 차례였다.

향수가 문제는 아니었다. 얄궂은 건 자꾸 모호해지는 시절의 경계였다. 학년이나 직급처럼, 혹은 나무의 나이테처럼 절기를 하나씩 지날 때마다 뚜렷이 그어지는 구획 하나 없이 나선형으로, 나선형으로. 나는 그저 흘러가고만 있는 게 아닐까. 내가 지금 선 곳이 어디쯤인지 알지도 못한 채. 내 안의 어떤 부분은 아직 그대로인데, 거울 속의 나는 얼룩진 수유복을 입고 있다. 엄마가 되기 전의 나는 어디로 가버린 걸까? 계절이 바뀔 때, 바람의 방향이나 햇빛의 기울기가 달라질 적마다 들던 동요와 불안이 한 시절 끝에도 존재함을 그제야 눈치챘다. 오스카 와일드의 이 말을 떠올리며.

비극은 나이 들었다는 데 있는 게 아니라 여전히 젊다고 생각하는 데 있다.

한 시절에 방점을 찍지 못한 채 사로잡힌 자는 불행하다. 삶은 나를 기다려주지 않고 앞으로만 나아가기에.

영화 〈툴리〉의 마를로라면 그때의 내 마음을 알아줄지도 모른다. 그녀는 얼마 전 셋째를 출산하고 산후우울증을 겪는 주부다. 커가는 아이들은 누구 하나 그녀 마음 같지 않고, 남편은 일과 출장, 온라인 게임의 쳇바퀴를 돌기 바쁘다. 지칠 대로 지친 마를로는 셋째를 돌봐줄 야간 보모를 고용한다. 매일 밤 크롭 티를 입고 나타나 "당신을 돌보러 왔어요!" 쾌활히 외치는 스물여섯 살, 툴리다. 취향이며 습관까지 공통점 많은 산모와 보모는 빠르게 가까워진다. 마를로는 젊고 자유로운 툴리에게 부러움과 애틋함을 동시에 느낀다. 출산과 육아에 영혼의 낱알까지 탈탈 털린 자신에 비하면 툴리는 얼마나 밝고 당찬가. 그렇게 마를로에게 활기를 불어넣던 툴리는 어느 날 일을 그만두겠다고 말한다. 영화에 막 온기가 돌 무렵, 툴리의 갑작스런 통보에 마를로는 분노한다.

"나도 전에는 그랬어요. 이십 대는 꿈만 같았죠. 그러나 새벽 쓰레기 차처럼 삼십 대가 다가와요!"

그리고 간청한다.

"당신을 보내기 싫어요. 조금만 더 머물러줘요."

(아래 내용은 스포를 담고 있습니다.)

사실 툴리는 타인이 아닌 이십 대 시절의 마를로 자신이었다. 엄마가 되기 이전의 자아이자 여전히 그녀 곁을 맴도는 환영. 보내기 싫지만 보내야만 하는, 불현듯 간절히 그리워지는 사람. 모든 것은 마를로의 상상 속에서 벌어진 일이었다.

몇 해가 지났다. 나의 '도리언 그레이'인 그녀는 종종 전시회 티켓이나 책을 보내왔다. 그러나 여전히 고군분투 육아 중인 나는 전시회 기한을 놓치기 일쑤였고, 책은 도입부를 넘어가지 못했다. 매일 농번기처럼 바쁘고 재난 훈련처럼 긴박한 육아의 고단함에 서서히 그녀를 잊어갔다. 외면은 아니었다. 다만 그렇게 되었을 뿐.

어슷어슷한 아이와의 매일을 지나며 부모라는 책임과 가정이라는 안온을 동시에 얻었다. '엄마'가 됐다는 폭풍 같은 자아인식도 어찌어찌 마쳤다. 깎여짐은 괴로웠지만 둥글어짐은 편안했다. 가열차게 투덕대던 '이전의 나로 남고 싶은 나'와, '주부이자 엄마인 나'가 그럭저럭 화해한 것도 같았다.

바로 거기, 내게 흐르던 관성이 멈춘 그 지점에서 새로운 내가 조금씩 보이기 시작했다. '그때까지의 내가 곧 나'라고 성채처럼 믿어왔지만, 꼭 그렇지만은 않았다. 이전의 내가 먼지처럼 사라진 것도 아니었다. 나로 살아간 시간은 차곡차곡 내 안에 고여 지금의 나를 이루고 있으니까. 일곱 살의 나, 열네 살의 나, 스물한 살의 나. 각기 다른 시기의 내가 온몸으로 통과해낸 그 시간들이 없었더라면 지금의 나도 없을 거란 사실을, 이제는 안다.

그날. 아이에게 로션을 발라주며 한 시절이 내는 종소리를 들었다. 그건 나의 이십 대가 안녕을 고하며 멀어져가는 소리였다. 순간 구름이 걷히듯 갑자기 아무렴 어떠랴 싶어졌다. 그녀는 지금 '르 라보'의 때를, 나는 '베이비 로션'의 때를 살고 있는 것이다.

목욕을 마치고 로션을 바른 아이는 사랑스러웠다. 아이의 볼과 내 손에서 퐁퐁 풍겨오는 연한 베이비 로션 냄새를 맡으며 생각했다.

'뭐, 그리 나쁘지 않네.'

이런 삶이 있으면 저런 삶도 있는 거니까. 뛰는 것이 삶이라면 걷는 것도, 서 있는 것도 삶일 테니까. 버스를 잡기 위해선 뛰어야 하고 길을 찾기 위해선 걸어야 하며, 길섶의 제비꽃을 보려거든 멈춰서야 한다. 그 각각의 가치를 좋고 나쁨으로 따질 수는 없을 테니까. 이왕 멈춰 선 거, 호젓하자. 여기에서 꽃도 보고 달도 보자. 그런 듬쑥한 마음이 둥실 솟아올랐다.

이십 대의 내가 오늘의 나를 상상하지 못했듯 이 언덕을 넘으면 또 어떤 삶이 나를 기다리고 있을지는 아무도 모른다. 익숙한 하나의 세계를 잃음으로써 새로운 나를 얻는 가능성을 만난다. 그것이 우리를 이루어가는 삶의 세밀한 방식일 것이다. 덕분에 나의 자리에서, 나의 것으로 살아감이 한결 자연스러워졌다. 그리고 여전히 기쁘게 응원한다. '르 라보'의 길을 총총히 걷고 있는, 나와 닮은 그녀를.

좋은 사람, 힘내.

Part 2

빈도나 속도보다
좋은 온도와 밀도로

시를 쓰고 빵을 굽는 마음으로

　가족의 성향상 치밀한 계획은 세우지 않지만, 생활의 기본 리듬은 지키고 있다. 정해진 시간에 일어나고 식사하며 숙제하고 씻고 잠이 든다. 그렇게 큼직하게 나뉜 시간의 덩어리들 사이로 자잘한 일과들이 조금씩 진행된다. 주말 일정도 거의 비슷해서, 예배를 드리고 가족을 만나거나 자전거를 탄다. 물론, 아이와의 시간이 매번 정연하게 흘러가주는 법은 없어서 예기치 못한 일정이 끼어들 참이면 아이에게 미리 어느 요일에 이런 일이 있을 거야, 속삭여둔다. 혹시라도 아이가 겪을지 모를 당혹과 긴장을 조금이나마 느슨하게 해주고픈 마음에서다. 이처럼 들쑥날쑥하지 않은 잔잔한 일상이야말로 살면서 누리는 진정한 호사가 아닐까 싶다. 그 자체만으로 삶에 평온한 힘을 더하는, 그런 생활.

가정이 일정한 리듬을 가질 때 아이의 안정감은 무럭무럭 싹을 틔운다. 고르고 평온한 마음 밭에선 습관과 성격도 한결 곱게 여물 것이다. 일상에 스며 있는 사소한 것들, 그러니까 하원 후 아이가 갖는 또렷한 여유, 일정한 취침 시간, 잠들기 전 도란도란 읽어주는 한두 권의 책, 식탁에서 피어나는 따스한 대화. 이런 것들의 반복으로 가정은 공감이 머무는 안락한 곳이 되어간다.

누구라도 정서가 불안하고 마음 둘 곳 없을 때는 무엇 하나 제대로 할 수 없지 않을까? 반면 가정에서 규칙적이고 일관적인 생활을 해온 아이들은 이사, 전학, 부모의 이혼 등 돌연한 스트레스 상황에도 자신을 단단히 지키며 유연히 대처할 수 있다.

아이 안에 새겨지는 것도 결국 특별한 하루가 아닌 소리 없는 강물처럼 흐르는 평범한 날들일 것이다. 왜 우리도 그렇지 않은가. 사진으로 남아 있는 어떤 날보다 사진으로 찍지도 않은 그 숱한 날들을 더욱 애틋하게 기억한다. 그리고 그 기억의 힘으로 일생을 힘껏 살아간다. 하여 나는 믿는다. 그냥 흘러가는 날들, 예측 가능한 보통의 일상을 더 많이 만들어주는 것이 아이에게 가장 좋은 선물이 될 거라고.

어느 집이나 아이와 함께하는 일상은 비슷해 보인다. 해 뜨면 일어나고 달과 함께 잠이 든다. 십 대와 이십 대의 내 삶은 정확히 그 반대였다. 해 돋을 때 잠들고 저녁달 뜰 때 허둥지둥 집을 나섰다. 그러면서 나는 지금 매우 부지런하고 바쁜 사람이야, 또 그만큼 중요한 사람이 될 거야, 스스로 등을 떠밀곤 했다.

지금 삶은 단조롭지만 그래서 평온하다. 전쟁 같은 육아 중에 느끼는 아이러니한 안온은 여기에 기인하는 것이리라. 아이는 가장 자연스럽고 인간다운 일상, 심플한 삶을 내게 돌려줬다. 돌아보면 인생의 대부분은 사소하고 반복적인 일들로 짜여 있지 않던가. 되풀이되는 나날 속에서 아이도, 나도 살아가는 연습을 단단히 하고 있는 셈이다. 단순해 보여도 기본을 지키며 하루를 살아내기란 쉽지 않은 일. 아이는, 우리는 지금 그 일을 해내고 있는 게 아닐까.

영화의 소란이 달갑지 않은 사람, 바로 나다. 일상이 그렇길 바라듯 영화도 과하지 않기를 가장 먼저 바란다. 화면이 멈췄나 싶을 정도로 반복적이고 정적인 영화를 애써 찾는 이유다. 그런 면에서 〈패터슨〉은 내게 만족스러운 영화였다.

패터슨 부부는 심플하고 느리게 사는 사람의 표본적 인물들이다. 버스 기사인 패터슨은 반복적인 일상 속에서 시를 쓰고,

가수 지망생인 아내 로라는 주말 장터에서 컵케이크가 잘 팔렸으면 할 뿐, 이들에겐 거창한 욕심이나 복잡한 계산이 없다. 카메라는 그런 패터슨 부부의 일주일을 좇는다. 버스 노선처럼 뱅글뱅글 도는 일상의 규칙을 착실히 따르는 패터슨은 매일 같은 시각에 일어나고 일터로 향하며 산책을 나선다. 그와 이 동그란 삶을 나누는 로라는 작은 부엌에서 몇 날을 공들여 컵케이크를 굽는다.

이런 간소함과 견실함이야말로 좋은 시를 쓰고 맛있는 빵을 굽는 데 꼭 필요한 요소일 거야, 멀리서 짐작했다. 더불어 믿었다. 그런 마음이 마땅히 고여야 할 또 다른 곳은 다름 아닌 육아일 거라고.

사실, 처음부터 그런 마음은 아니었다. 육아 초기엔 해보고 싶은 것과 되어보고 싶은 것이 무척 많았다. 느리고 반복적인 육아의 리듬을 툴툴 털어버리고도 싶었다. 그러나 그 마음을 온전히 따르지 않은 까닭은 아이에게 세상이 권하는 속도와 방식이 전부가 아님을 알려주고 싶어서였다. 내가 그랬듯 아이도 바쁘게 쟁취하는 삶만이 좋은 삶이라 주입받으며 자랄 테니까. 속도와 변화와 성장에 대해 귀에 딱지가 앉도록 듣게 될 테니까. 열심히 사는 건 좋지만 너무 필사적으로 닳아가는 모습을 보여주고 싶지는 않았다. 지금의 부족함을 메우기 위해 이것저것에 대롱대롱 매달려 간신히 숨만 쉬는 꼴을 보이고 싶지도 않았다.

아이가 가까운 곁에서 자라는 동안 나는 그저 편안하고 평범한 엄마면 좋겠다고 생각했다. 평범하다는 말은 어딘지 부족하다는 뉘앙스를 품고 있지만, 그게 꼭 나쁜 뜻은 아님을 그렇게 알려주고 싶었다. 세상을 살아가는 방식과 가치관은 눈송이의 모양만큼이나 다양한걸. 조금은 다른 속도와 호흡으로 사는 사람도 있는걸. 뭘 하든 한 번에 하나씩 해내는, 느려도 둔하지는 않은. 오래 더듬어 찾은 자기 방향으로 타박타박. 서서히 나아가는 사람.

팬데믹 이후, 아이는 집에 있다. 아이가 학교에 들어간 지 꼭 일 년 만에 다시 풀타임 집 육아의 날들이다. 아침마다 아이가 팔랑팔랑 집을 나서고 제시간에 정확히 도착하던 날들이 모두 거짓말처럼 느껴진다. 그렇게 긴 방학처럼 보낸 일 년 동안 아이는 스스로 시간표를 짰다. 스케치북에 동그란 접시를 대고 그린 단순하고 고전적인 시간표다. 시간표를 만드는 방식도, 그 생김도 모두 친근한 가운데 각 일정의 시간 단위가 길다는 것만이 특이했다. 이를테면 간식 두 시간, 산책 세 시간, 이런 식이다. 냉장고 문에 달덩이처럼 걸린 시간표를 볼 때마다 나는 웃음이 난다. 아이가 시간을 뭉텅뭉텅 쓰는 게 그리 좋아서. 하루를 빼곡히 채우지 않겠다는 이 담백한 의지가 귀하고 예뻐서. 지금 아니면 언제 또 이렇게 살아볼까도 싶어서. 때마다 달려가 아이 볼을 쓰다듬게 되는 것이다.

아무것도 일어나지 않는 순간들. 그저 순수하게 지속될 뿐인 시간에만 맛볼 수 있는 그 맑고 여린 행복을 우리는 함께 알아가고 있는지도 모르겠다.

그렇게 동그란 시간표 안에서 하루, 또 하루. 빈 종이에 시 쓰듯 삶을 꼬옥 끌어안고 빵 굽듯 고소하게 일상을 굽는 요즘이다. 패터슨의 읊조림처럼 느릿느릿, 그러나 정직한 운율로.

밤사이 눈이 내렸다. 온 세상이 하얗게 고요하니 오감이 절로 평온하다. 늘 보던 것들도 더 또렷이 보인다. 예컨대 아이의 상기된 볼, 오전 내내 바쁜 두 발, 책장을 넘기는 엄지와 집게손가락의 움직임.

이 한아한 생활에서 내가 얻고자 했던 것이 바로 이런 종류의 '섬세함'이었음을 문득 떠올린다. 너무 작아서 자세히 볼 수 없는 어여쁨과 너무 느려 멈춘 것만 같은 시간을 발견하는 눈. 요즘의 우리가 더 많이 가질 수 있기를 바라는 것들. 테이블 위의 성냥갑에서도 멋진 시를 길어 올리던 패터슨처럼, 그렇게.

오늘 아이는 꼭꼭 씹어 밥을 먹었고 땀이 나도록 눈밭을 뛰었다. 우리는 노란 호박으로 수프를 끓여 이웃과 나누고 종일 크리스마스 노래를 불렀다. 나는 몇 번인가 배를 잡고 웃었고 그럴 적마다 아이를 안아줬다. 매일이 이런 날이라면 얼마나 좋을까 생각했다. 정확히는 이날의 기분이 참 좋았다.

잔잔하고 희미한 온기가 집 안 구석구석을 맴도는 날. 반짝이는 시의 영감이라도 얻은 듯 설렘으로 새날을 열고, 노릇노릇 알맞게 구워진 빵을 보는 듯한 뿌듯함으로 하루를 닫는 날. 이런 날은 보는 이가 없어도 자랑스러웠다. 어제와 같고도 다른, 그저 무탈하고 노곤노곤한 하루를 보내었다는 사실만으로 지극히 충만했다. 그리하여 잠들기 전에는 큰 소리로 외쳐보고도 싶은 것이다. 여기 잘 구워진 따끈따끈한 일상 나왔어요. 이게 우리의 시예요.

세상을 살아가는 방식과 가치관은
눈송이의 모양만큼이나 다양한걸.
조금은 다른 속도와 호흡으로 사는 사람도 있는걸.
뭘 하든 한 번에 하나씩 해내는,
느려도 둔하지는 않은.
오래 더듬어 찾은 자기 방향으로 타박타박.
서서히 나아가는 사람.

아이 삶에 배경을 놓는 일

요란한 장마를 막 빠져나온 참이다. 아침인지 저녁인지 도무지 분간되지 않던 날들. 어두운 하늘 사이로 잠깐 비치는 해를 보러 마당에 나가던 일도 끝이 났다. 그새 쟁글쟁글해진 매미 소리, 뺨에 수직으로 내리꽂히는 햇발. 가을 문턱에서 여름이 막무가내로 달려든다.

올해는 꼼짝없는 '셰익스피어 버케이션'이다(책 읽는 휴가). 나야 선풍기와 책만 있으면 여기가 천국이려니 하는 사람이지만 내 곁의 아홉 살은 그렇지가 않은 모양이다. 유독 더위를 타는 아이가 안쓰러워 그 앞에 청포도 주스 한 잔과 나의 여름 화가, 라울 뒤피의 그림들을(230-231쪽) 밀어놓았다. 얼음이 입안을 구르는 청량한 소리와 뒤피의 푸른 선이 주는 적확한 만족.

097

눅진 여름이 또록또록 색을 입는 순간이다.

페이지 사이를 거침없이 내달리던 아이도 몇몇 그림 앞에 선 어쩔 수 없다는 듯 눈을 맞추고 숨을 참는다. 때마다 나도 숨을 잠그고 과연 아이 눈길을 붙든 게 무얼까, 헤아려보는 재미를 누린다. 그림을 본다는 건 말 없는 장면으로부터 누군가의 이야기를 넘겨받는 일. 아이에겐 되도록 작가의 평온한 시절과 맞닿은 작품들만 권하고픈 이유다.

라울 뒤피는 바닷가에서 유년을 보낸 화가다. 그 때문인지 넘실대는 파도와 줄 이은 요트들이 평생 그의 든든한 그림 밑천이 되어주었다. 또한 뒤피는 음악가 집안의 사람이었다. 그의 그림에 자주 등장하는 악보나 악기들을 보노라면 달콤한 실내악이 귓가에 감겨드는 듯한 착각에 빠진다. 그러고는 이 사물들은 분명 화가에게 다정한 것들이었을 거야. 생긋한 표정이 되어서는 생각하곤 한다. 집 안을 메우는 소담한 꽃과 반듯한 악기들, 언제까지나 들려올 것만 같은 음악 소리와 가족의 대화 소리, 그날 햇빛과 대기의 질감까지. 어린 뒤피를 둘러싼 모든 것이 그 자신 안에서 시간을 먹고 무럭무럭 자랐을 터였다.

그렇게 한 사람 안에 쌓여오다 그림이 된 것들을, 우리는 본다. 화가들은 대개 이런 방식으로 내게 '어린 시절의 심상은 힘이 세요'라고 속삭이는 사람들이다. 과거에 감각했던 정경은 곧잘 정서의 근간이 되며, 나아가 평생 한 개인을 특징 지을 수도 있는 무엇이라는 귀띔을 내 손에 꼭 쥐어주곤 하는 고마운 사람들.

"엄마, 우리도 그림 그릴까요?"

마침내 아이가 도록을 덮고 일어났을 때 그런 생각이 들었다. 기억을 그림으로 표현하지 못할 뿐, 내게도 분명 나 모르게 내 안에 새겨진 것들이 많았을 거라고.

"엄마는 뭐 그릴래요?"

아이가 내게 도화지를 내민다. 방금의 상념 탓인지 빈 종이 위로 과거로부터 건너온 풍경들이 둥실둥실 떠다닌다. 어릴 적 살던 집엔 오래된 물건이 많았다. 지금도 친정에 들어서면 인자한 얼굴로 우리를 반기는 백삼십 살 먹은 괘종시계, 엄마가 대학 시절부터 품어왔다던 헤세와 전혜린의 책들, 내 최초의 기억에도 푸르게 남아 있는 벤자민, 주목, 군자란 같은 이름의 화분들. 부모님의 물건이지만 그렇게 내 유년에도 속해 있는 것들이 데구루루, 꼬리를 물고 쏟아져 나온다.

문득 눈을 깜빡이고 주위를 둘러보니 어느새 내 물건들이 모두 '엄마의 물건'이 되어 있다. 미미 인형, 머리 방울, 샤프와 볼펜의 시기를 지나 전공서, 립스틱, 뾰족구두의 시기를 거쳐 지금은 세간살이와 육아용품이 내 물건인 시기다. 아아, 이토

록 둥글고 순한 것들이 내 물건이라니. 괜한 낯설음에 손등이
나 한번 꼬집어본다.

지금 나를 둘러싼 것들. 그러니까 이 물건들이 아이에겐 '엄
마 물건'이다. 훗날 이들과 비슷한 사물을 보면 아이는 나를 떠
올릴 것이다. 해서 그것들이 대체로 곱고 정다웠으면, 하는 바
람이 매일 새로 포개진다. 어쩌면 집안 꾸리는 사람이 지닌 최
선의 도리이자 책무로 여기기도 한다. 내 살림, 내 물건을 장만
하는 일은 결국 아이 삶에 배경을 놓아주는 일이니까. 그게 무
엇이 될지 지금의 나로선 가늠할 수 없지만, 이 중 어느 하나는
아이 기억에 평생 머물게 될지도 모르니까. 집 안의 가구는 물
론 마당의 화초, 흔히 쓰는 컵이나 연필 등 소품 선정에도 퍽 마
음을 쓴다.

생활을 대하는 자세와 표정, 곁에 두고 매일 쓰는 사소한 것
들을 고르는 마음가짐이야말로 부모가 자식에게 남겨줄 무형
의 유산이 아닐까. 결국, 작고 따스한 것들이 남는다. 지금 나보
다 젊었던 부모님이 한때 곁에 두셨던 물건들이 번지고 스미어
마침내 여기, 내 안에 안착했듯이.

아이를 낳고 돌아와 가장 먼저 한 일은 냉장고에 작은 거울
을 붙여둔 것이었다. 평소 나는 거울과 거리가 멀어도 한참 먼
사람인데 신기하게도 그때는 꼭 그러고 싶었다. 하루 중 아이

가 가장 많이 보는 것. 어쩌면 아이가 보는 세상 그 자체일 내가 어떤 모습일지 못 견디게 궁금했기 때문이다. 덕분에 부엌을 오가거나 냉장고에서 입정거리를 낼 때마다 완전히 무방비인 내 얼굴과 만날 수 있었다. 대체로 지쳐 보이고, 무표정한.

잔뜩 접힌 미간이나 초조한 눈빛 등 누구에게도 들키고 싶지 않은 모습을 정작 내 아이에게는 너무 쉽게 보이고 있음을 알았을 때는 아, 정말이지 등골이 다 서늘했다.

요즘도 냉장고 문을 여닫을 때마다 새로 고침하듯 표정을 풀곤 한다. 한번 마음에 들어와 박힌 표정을 지워내기란 쉽지 않은 일. 늘 평온해 보일 수야 없겠지만 나의 어떤 표정이 아이가 평생 짊어져야 할 짐이나 그림자가 되는 건 싫었다. 무심히 앉았다가도, 와락 성을 내다가도 지금 이 표정 또한 아이 안에 새겨지고 있다고 생각하면 정신이 번쩍 들었다.

"엄마 봐봐요! 나는 엄마를 그렸어"

아이가 뿌듯이 내민 그림에는 세밀한 묘사나 화려한 색은 없었다. 금세 후루룩 그린 그림임을 뛰어가다 봐도 알겠다. 하지만 괜찮았다. 그림 속의 내가 환하게 웃고 있지 않은가. 그것만으로도 고맙고 기뻐 아이를 꼭 안아주었다.

이런 순간들이 마음에 사뿐사뿐 새겨질 때면, 어른이 된 나의 시간도 아이의 시간과 다르지 않다는 생각이 든다. 사라지는 게 아니라 스며든다. 하여 지금 보는 것과 느끼는 것을 하찮게 여기지 않는다. 되도록 아름답고 풍요하기를 바란다. 혹 그렇지 못한 순간을 만나더라도 내 것이 아니라며 피하지 않을 만큼 넉넉한 품을 갖게 된다면 그땐 더 바랄 게 없겠지. 이 순간도, 결코 달아나지 않는다. 잔잔히 스며들어 내가 되고 앞으로의 삶을 이룰 것임을 아낌없이 믿는다.

생활을 대하는 자세와 표정,
곁에 두고 매일 쓰는 사소한 것들을 고르는 마음가짐이야말로
부모가 자식에게 남겨줄 무형의 유산이 아닐까.

결국, 작고 따스한 것들이 남는다.

세탁기와 베토벤

간만에 마당에 나간 아이가 창문을 두드려 코스모스가 피었다는 기별을 전해왔다. 찰랑찰랑 가을볕을 담아온 아이에게서 맑은 바람 냄새가 났다. 쾌청한 날. 마네의 그림(233쪽)마저 떠올랐으니 안 되겠다, 이불을 빨아야지.

그 길로 집 안의 이불과 베갯잇이 싹 벗겨져 세탁기로 들어갔다. 모처럼의 오전. 낮게 울리는 세탁기 소리와 함께 이불이 돌아가는 동안 어쩔 수 없이 성글고 무용한 시간을 보낸다. 머지않아 세탁물을 꺼내고 널어야 하니 시간과 품이 많이 드는 일은 애초에 시작도 말자, 그럴싸한 셈을 한다. 오늘에 퍽 어울리는 산뜻한 변명이다.

베토벤 피아노 협주곡을 틀고 의자를 끌어다 세탁실에 앉았다. 이 곡이 요즘 나의 노동요다. 청소할 때도, 설거지할 때도, 아이와 공을 던지며 놀 때도 늘 곁에 둔다. 곡이 너무 아름다워 웬만한 노동은 호사가 되어버린다는 게 함정이지만. 어떤 연유 에선지 세탁기 돌리며 듣는 베토벤은 특히 좋다. 주부가 되기 전엔 이 둘을 꿰어볼 생각조차 못 했지. 그야말로 파격적인 합, 뜻밖의 매혹이다.

세탁 종료음에 맞춰 아이가 돌아왔다. 가을이면 꼭 한 번은 그러고자 하는 날. 아이와 마당에 이불을 널었다. 마주 보는 두 벚나무 허리춤에 빨랫줄을 건 다음, 네모진 이불의 양 끝을 둘 이 사이좋게 나눠 잡고 탁탁 터는 순간을 아이는 제일 좋아한 다. 토끼처럼 깡충대며 연방 웃는다. 어느새 반듯해진 이불을 줄에 널고 보니 푸른 하늘은 바다, 흰 이불은 그 위에 떠가는 돛 단배 같아 여기가 우리 집 마당임을 얼른 깨우쳐야 할 것만 같 다. 바람결에 너울대는 천 조각에 마음마저 두둥실 부푼다.
이 모습이 이토록 축복처럼 여겨지는 이유는 마당에 빨래를 널 수 있는 날이 사실 그리 많지 않기 때문이다. 빨래가 말끔히 마를 만큼의 기상 상태, 그걸 웃으며 내걸 만큼의 기분과 여유 가 전부 갖춰지는 날은 좀체 드물다. 하여 이런 날엔 세상이 다 반짝 윤이 나는 것 같고 눅졌던 마음마저 보송해진다. 좀 너그 러워진달까. 아이가 빨랫줄을 당기거나 이불을 펄럭이며 장난을 쳐도 말리지 않을 만큼이 되어서는 그 애 노는 모습을 가만히 기억 속에 그려 넣는다. 그저 바라보기만 해도 좋은 것. 그게 위로라는 걸 매번 이 자리에서 배우곤 한다.

그와 동시에, 마네의 그림이 이리로 걸어 들어온다. 화가가 바라본 오래전 어느 날 위에다 오늘의 우리를 겹쳐본다. 마네도 이걸 봤을까? 나와 같은 걸 느꼈을까? 생각하니 마음이 간지럽다. 근심도, 주눅도 모두 고슬고슬 말라버릴 것만 같은 오후. 열린 창으로 휘 그러든 청결하고 예쁜 향이 집 안 구석구석을 부드럽게 쓰다듬는다.

"엄마 나는 얘들 물 좀 주고 들어갈게요."

따라 들어오던 아이가 오종종한 화분들 앞에서 걸음을 줄인다.

"요새 비가 안 왔지? 꽈리가 힘이 없네. 내가 물 많이 줘야지."

꼬마 집사의 근면한 목소리에 나도 재촉하던 걸음을 멈추고 꽈리와 눈을 맞춘다. 고맙게도 아이는 집 안의 것들을 곧잘 챙긴다. 삐걱대는 수납장 문을 단단히 여며주고, 앓는 소리를 내는 가전이며 세간들을 누가 눈치채기도 전에 척척 되돌려놓는다. 아가일 적부터 해와서인지 집안일도 '일'이라 생각지 않는 품새다. 이전부터 해온 마루 정리와 밥 짓기에 요즘은 몇 가지

106

가 더 얹혀져 이불 개기, 빨래 접기, 화분 관리, 분리수거 등을 매일 조금씩 하고 있다.

나는 페스탈로치가 강조한 '노작 교육' 개념에 공손히 고개를 끄덕이는 사람이다. 졸음 쏟아지던 교육학 개론 시간. 사람은 Head(지성), Heart(감성), Hand(작업)가 나란히 자라야 한다는 그의 말에 눈이 번쩍 뜨였다. 거기다 형광색 별들을 주렁주렁 달아가며 나 또한 얼마나 그런 사람이 되고 싶었는지. 아이를 키우며 그 말을 다시 떠올린다. 시대가 복잡해질수록 삶의 본질을 잊지 말자 다짐한다. 타인을 먼저 챙기고 배려하는 마음, 함께 쌓는 도타운 정, 생활의 감각을 차근차근 익히는 것보다 중한 것이 또 있을까.

컵을 씻어두는 일만으로도 일상이 나를 장악하는 게 아닌 내가 일상을 돌본다는 편안한 느낌이 든다. 아이에게도 이 소박한 아날로그적 즐거움을 알려주고 싶었다. 세상이 편해질수록 스스로 뭔가를 하고자 하는 의지는 소중해질 테니까. 맨손으로 사람의 일을 해내는 건 정말 건강하고 기쁜 일이니까. 낡아 보여도 인류가 살아온 방식이며 나와 남편이 자란 방식. 그 가치가 아이에게 잘 전달되기를 바라며.

물론 이건 스스로에 건네는 다짐이기도 하다. 주부 생활 십년 차. 여전히 야트막한 솜씨와 별개로 자꾸만 알게 되는 건 이 끝도 없는 일거리에 어떤 마음으로 임하느냐에 따라 오늘이 달라지고 계절이 달라진다는 것이다. 허전한 날일수록 내 앞에 놓인 자잘한 일에 마음을 담아보려 자신을 다독인다. 그렇지 않으면 육아의 감정마저 푹, 가라앉아버릴 테니까.

어쩌면 이때야말로 파스칼의 '사소한 일'에 공감해볼 멋진 기회인지도 모르겠다.

사소한 일이 우리를 위로한다. 사소한 일이 우리를 괴롭히기 때문에.

— 파스칼, 《팡세》, 저자 역

주어진 사소한 일들을 무작정 견디기보다 장면마다 아름다움과 가치를 부여하고 포착하는 능동성을 가져보라고 벽안碧眼의 철학자는 권고한다. 평범한 구절 같지만 무수한 선인과 철학자들의 목소리를 커다란 솥에 넣고 오래오래 정성껏 졸여내얻은 말 같다고 생각했다. 인생은 어쨌거나 사소한 일들이 쌓여 만들어지는 것이니까. 물론 그렇기에 그 안에서 경이를 느끼기란 쉽지 않고 매일의 사소한 일들 앞에선 너무 쉽게 주눅이 들곤 해도. 그러나 삶은 또 그래서 재미있는 게 아닐까. 곁사람과 곰실곰실한 하루를 나누고 우리를 괴롭히는 사소한 일에 또다시 사소한 위로로 맞서는 거침없는 기쁨과 낭만의 조각들을 느껴보는 것. 조금조금씩. 그런 자기 현실의 바탕 안에서 행복한 생활을 빚어가는 일은 그러므로 나날의 아름다움을 최대로 불려가려는 가장 치열하고 간절한 노력일 것이다.

부릅뜨고 노려봐도 일상은 어렵고 삶은 유한하다. 그러나 별 헤듯 가늘게 눈을 뜨고 바라보면 순간은 반짝인다. 바쁜 육아 중에는 종종 잊히는, 그러나 미욱한 나로서는 육아가 아니었다면 결코 알지 못했을 생의 면모다.

한나절 동안 꼬박 한 일이라곤 빨래뿐인데 적이 벅차고 흐뭇한 날이었다. 새하얀 이불이 살랑이는 풍경에 마당을 보듬는 아이가 깃들고, (무려!) 베토벤과 마네와 페스탈로치와 파스칼이 한마음으로 부조扶助한 날. 빨래 잘 마르겠다는 이웃들의 덕담이 바람결에 실려오는 날. 오늘 밤 우리는 9월 햇살이 사각사각 스민 이불을 덮고 잠들 것이다.

육아의 속도

몇 해 전 여름, 여남은 날 짬을 내어 유럽에 다녀왔다. 바쁘다 바쁘다 종종대며 제자리만 맴돌다 불쑥 궤도를 이탈해버린 것이다. 특별한 준비도 없이, 일정 담당자인 남편에게 단 한 가지만을 부탁한 채로 여행길에 올랐다. '빨리 걷지 않을 것.'

도시는 저마다 어울리는 각자의 속도를 갖는다. 화가 데이비드 호크니는 LA의 건물과 표지판이 시속 48.3km에서 볼 수 있도록 만들어졌다는 것을 차를 타고 달리며 간파했다. 걷는 사람들이 만든 도시, 로마는 3.2km. 서울은 아마 200km쯤 되지 않을까? 그렇다면 당시 다녀온 유럽 도시들의 공통 속도는 '매우 느림'이었다.

낮은 밀도와 고적한 풍경 안에서 사람들은 걷거나 뛰는 대신 부유하는 듯 보였다. 그러자고 작정이라도 한 듯 그들의 침착한 매무새 하나하나가 내게는 편안함으로 다가왔다. 따뜻한 잔디밭에 길게 누운 사람들이 공원의 일부인 양 자연스럽고, 총알 오토바이가 아닌 자전거를 타고 음식을 배달하는 곳. 숨통이 트인다는 게 이런 느낌일까 싶었다.

반면 아이는 내내 볼이 퉁퉁 부어 있었다. 이해한다. 어딜 가도 기다림의 연속이었으니까. 공항에서도, 호텔에서도, 음식점에서도 뭐 하나 빠르게 진행되는 게 없었다. 특히 독일은, 여행객들 사이에서 지연과 지체로 악명이 높은 나라다. 호기롭게 왔다가 복장 터져 돌아간 사람이 그리 많다지 않은가.

아니나 다를까 그런 일은 우리에게도 일어났다. 여행의 마지막 날이었다. 공항을 향해 달리던 기차가 중간에 사십 분이나 멈춰 섰다. 예상했던 일이었기에 그리 놀랍지는 않았다. 다만 득달같이 짜증을 낼 줄 알았던 아이가 잠잠했던 건 조금 뜻밖이었다. 좁은 객실 안에서 아이는 손에 쥔 놀잇감을 한 번 더 만져보고, 창밖의 농가들을 물끄러미 바라보거나 이제는 너절해진 기차 노선표를 다시 펼치기도 했다. 어느 사이였을까. 아이는 기다림과 친해져 있었다.

어쩌면 여행 내내 그랬는지도 모르겠다. 긴긴 기다림의 틈새로 아이는 무언가를 부단히 살피고 그려 넣고 붙잡았다. 도시마다 신호등과 맨홀 모양이 어떻게 다른지 관찰했고, 상점에서 들려오는 처음 듣는 노래를 자기 언어로 신나게 따라 불렀다. 틈틈이 주머니 속 소지품들의 안위를 점검하고, 시시각각 보이는 것들에 대해 쫑알쫑알 이야기했다. 질주가 차단된 곳에서 아이의 시야는 좀 더 선명해지고 의식의 체 또한 한결 촘촘해졌다.

"어! 엄마, 저거…"

도시의 이곳저곳을 걷고 또 걸었던 날. 따뜻한 저녁 식사를 위해 걸음을 재촉하던 길이었다. 느닷없이 멈춰 선 아이의 시선 끝에는 단풍나무 씨앗이 핑그르르 돌며 떨어지고 있었다. 아이는 커다란 단풍나무 아래서 한참 동안 고개를 든 채 걸음을 옮기지 못했다. 아, 다리는 아프지, 배는 고프지, '가자'는 말이 울컥울컥 올라왔지만 꾹 눌러 참았다. 기다림이 불편이라면 그 불편의 이면엔 어떤 안온이 있음을, 그렇게 배워가길 바라며. 아이는 물론 나 역시.

사실 아이는 느리게 걷기의 대가였다. 익숙한 곳에서는 까맣게 잊고 있던 사실이었다. 길가에 늘어선 이름 모를 자동차들을 보느라 시속 1mm의 속도로 최대한 느리게 걸었다. 나는 무료함에 하품이 나고 목이 말랐다. 그 유명한 쾰른 대성당을 등지고 앉아 길섶의 하수 시스템을 유심히 보는 아이를 끌어내성당의 역사를 읊어주고도 싶었다.

마트에선 또 어땠는지. 필요한 것만 후딱 사서 얼른 숙소로 들어가 개운하게 씻고 싶은데, 아이는 처음 보는 과자며 장난감에 눈길을 주느라 시간 가는 줄을 몰랐다.

그뿐이랴. 마을 복판마다 자리한 분수를 마주치면 또 한세월이었다. 그러나 동네 아이들과 참방대다 폭 젖어버린 아이를 다그치진 못했다. 그날따라 분수는 꿈처럼 아름다웠고 온화한 저녁놀 속에서 아이들은 모두 행복해 보였다. 그 근방 어디선가 들려오던 예배당 종소리마저 황소 걸음처럼 느긋하다는 걸 그때 알았다. 거기서 남편과 녹아내리는 아이스크림을 나눠 먹으며 일정한 간격으로 울려오던 그 소리를 몇 번이나 들었다.

아이를 풍경 속에 놓아둔다는 것. 시간 속에 온전히 풀어둔다는 것이 어떤 의미인지를 그렇게 처음 느껴본 것도 같다. 혹시 이런 게 해방감일까? 자유로움? 이름조차 알 수 없는 감정이었지만 한 톨도 빠짐없이 귀중해서, 휴대전화에다 영화 찍듯 그 장면을 오래오래 담아왔다.

뎅그렁 뎅그렁 한없이 너그러운 저녁 종소리, 돌돌돌 맑게 부서지는 물소리, 까르르 까르르 아이들의 천진한 웃음소리. 요즘도 마음이 유난히 소란해올 때면 그날의 소리를 꺼내어 아껴 듣고는 한다.

여행 초반엔 괜시리 마음이 급했다. 고즈넉한 여행을 꿈꾸며 계획도 없이 왔건만, 막상 와보니 가고 싶은 곳과 하고 싶은 일들이 줄을 이었다. 천천히 걷는 아이 위로 "어서 가자"는 목소리가 돌림노래처럼 쏟아져 나왔다.

여행 셋째 날이었던가. 오늘은 종일 호텔에 머물겠다는 아이의 선언에 더럭 화가 났다. 오랫동안 가보고 싶던 에르미타주 미술관을 지척에 두고도 갈 수 없다니, 답답함과 억울함이 불쑥 받쳤다. 남편과 아이를 방에 둔 채 에잇! 그대로 문을 열고 나와 혼자서 기웃기웃 좁다란 골목을 걷고, 어디로 뻗었는지 모를 다리를 건너다 문득 깨달았다. 원래 아이와의 여행은 그런 것이다. 아이는 갑자기 새로운 곳에 떨어졌다. 언어도, 음식도, 환경도, 흐르는 시간마저 다른 곳에 다만 적응하느라 누구보다 애쓰고 있지 않을까. 그 사실을 가장 잘 안다고 자신했는데. 하여 남편에게 '천천히 걷자' 부탁한 건 나였는데!

육아 최대의 난제는 기다리는 일이다. 기다림은 힘들고 힘들어서 서럽다. 아이가 음식을 가지고 장난을 쳐도, 블록을 못 맞춰 끙끙대도 어쨌든 참아야 한다. 그러나 그 인내의 시간이 오로지 아이만을 위한 시간이라 생각지 않기로 했다. 그로 인해 내 삶엔 조금 느린 속도가 더 어울린다는 걸, 그렇게 살금살금 나아가도 괜찮다는 걸 알아가고 있기 때문이다. 덕분에 언젠가부터 내가 지치지 않을 만큼의 속도와 강도를 더욱 의식하게 되었다. 걸음만 느렸지, 마음은 조급하던 내가 조금 덜 보채게 된 것 같기도 하다.

육아의 속도에 대해 생각해본다. 혹시 어른의 보폭과 성미를 아이에게 보채고 있는 건 아닌지 자신을 돌아본다. 아이는 이 방의 땅에 갑자기 떨어진 여행자다. 불과 며칠, 몇 달, 몇 해 전 밀쳐지듯 여기에 왔다. 위대한 존재가 되기 위해, 부모가 바라는 어떤 모습이 되기 위해서가 아니라 단지 지어진 대로 '살아내기 위해' 무수한 적응을 겪어내고 있다.

여행이 늘 그렇듯, 낯선 곳에서 돌아와 사진을 보니 비로소 좋다. 아이는 도시의 여기저기, 수많은 차와 분수대 앞에서 사진에 찍혔다. 순도 높은 행복에 휩싸여 막 피어나는 꽃송이처럼 환한 얼굴로. 그땐 왜 몰랐을까. 그 웃음, 그 낯빛. 한 걸음 떨어진 곳에서 보니 안 보이던 것들도 보이기 시작했다.

여행길에서 돌아오니 마당의 무화과가 선연히 익어 있었다. 언제 익나, 싶던 일전의 모습이 무색할 정도다. 아이의 자람도 그렇다. 그대론가 싶다가도 어느 날 갑자기 훌쩍 자라 있곤 하니 말이다. 삶의 속도에 대한 한숨과 불안을 마당과 아이를 보며 달랜다. 아이와 풀과 나무에 빚지며 사는 매일이다.

아마추어의 우아함

아이는 부지불식간에 걷고 뛰었다. 그토록 허둥대던 나도 아이를 먹이고 재우는 일에 종내는 익숙해졌다. 놀랍고 반가웠다. 이제야말로 아마추어 딱지를 뗄 때라는 사치스러운 생각이 풀썩풀썩 피어올랐다. 문제는 아이가 관심을 보이는 분야가 내 예상을 확 벗어나면서 발생했다. 숫자, 기계, 과학… 아이가 자랄수록 어안이 벙벙해졌다. 대답하기 어려운 질문도 갈수록 늘어났다.

"기체는 왜 잡을 수 없어요?"

"세상에는 몇 개의 숫자가 있어요?"

허허허… 그저 웃지요. 수학 문제를 아이가 나보다 더 잘 푸는 순간도 생각보다 빨리 와버렸다. 좌절의 연속이었다. 하필 그 무렵, 한 강연에서 이런 이야기를 들었다.

"저는 아이가 뭘 물어도 그럴듯하게 대답을 해줘요. 잘 몰라도 아는 척, 못해도 잘하는 척을 잘하거든요. 그래서 우리 아이는 내가 천재인 줄 알아요. 저를 이기려고 악을 쓰죠. 아이를 똘똘하게 키우려면 그런 엄마가 돼야 해요."

대단한 열정이라 생각했다. 그 정도면 '프로'라 불려도 손색이 없을 터였다. 어려운 질문에 즉각 대답해주고 아이의 경쟁심도 건드려주는 그 엄마는 멋져 보였다. 반면 나는 여전한 아마추어였다.

그렇더라도 모르면서 아는 척, 못하는 걸 잘하는 척 가장하기는 싫었다. 엄마는 아이의 가장 좋은 선생님이라는데 아이의 관심 분야에 있어 나는 오히려 아이보다 못한 동급생이었다. 몰라서 같이 찾아보고 어려워서 달려들지 못한다. 모르니까, 책도 잡는다. 어려운 문제에 맞닥뜨리면 "사실 엄마도 잘 몰라" 하며 해맑게 웃어버렸다. 아이가 낑낑 문제를 풀어내면 함께 덩실덩실 춤을 추고 아이스크림을 사 먹으며 기뻐했다. 전문가처럼 철저히 가르치진 못해도 앎의 즐거움을 느끼게 해주는 건 내가 해볼 만한 일이었다. 고수 엄마 따라 해보려다 자신이 없을 땐 아이와 보드게임이나 실컷 했다. 재밌으니까!

내게 '아마추어'란 말은 곧 앙리 루소의 그림(234쪽)을 불러오는 단어다. 루소는 마흔이 넘도록 세관원으로 근무하며 일요일에만 캔버스를 들던 '일요일의 화가'였다. 어떤 욕심이나 기대도 없이 단지 좋아서 그림을 그리는 사람. 그러므로 그의 작품에는 '척하는' 느낌이 없다. 대신 그만의 솔직함과 독창성이 가득하다. 이것이 정규 미술 교육을 받지 못한 그가 예술의 황금기에, 예술의 중심지 파리에서, 예술가들의 왕인 피카소로부터 '천재 아마추어'란 칭송을 얻게 된 까닭이었다.

그 그림들의 파장이 어찌나 강렬한지, 그로부터 두 세기 뒤의 세상을 사는 나에게까지 전달될 정도다. 진솔하고 천진한 그의 그림을 마주할 때면 어느새 '맞아, 우리에겐 각자의 향기와 소용이 있지. 그러니 한 사람 한 사람 그 자체로서 이미 프로인 거야' 하며 기분 좋게 고개를 끄덕이게 된다. 내친김에 내가 만약 대단한 실력자였다면 어땠을까 하는 상상도 해본다. 너도 나만큼은 해야 한다는 욕심과 완벽주의로 아이에게 더 높은 성과를 원하고 이 쉬운 걸 왜 못하냐며 가차 없는 피드백을 내뱉지는 않았을지. 혹은 아이의 일거수일투족을 나의 업적이나 실수로 오해하며 조마조마 살진 않았을지.

척척박사 엄마로 애써 거듭나 아이의 존경과 경쟁의 대상이 될 이유가 내겐 없다. 나는 아이가 부끄러워하지 않고 무엇이든 편히 물을 수 있는 사람이 되고 싶다. 아이보다 앞서 달리지 않으며 같은 풍경을 바라보고, 서로 놓친 것을 차근차근 깨우쳐주는 사이이고 싶다. 혀에 모터 단 듯 설명하고 채근하며 어른의 위용을 뽐내기는 차라리 쉬울지 모른다. 오히려 아이만큼 키를 낮춰 대상을 바라보고 내 안팎에 솎아내야 할 거친 뿌리나 뽑아내야 할 돌부리가 없는지 살피는 데 더 많은 인내와 배려가 필요함을 절절히 알아가는 요즘이다.

시사지 편집장이자 아마추어 피아니스트인 앨런 러스브리저는 아마추어에겐 다음과 같은 장점이 있다고 말한다.

아마추어에게는 하루도 빠지지 않고 연습해야 한다는 엄혹한 멍에가 없다. 부담감과 책임감에 짓눌릴 일도 없고, 치열한 경쟁도 없다. 공연장의 형편, 음향 상태나 본인의 정신 상태와 무관하게 끊임없이 청중을 상대해야 하는 입장도 아니다. 아마추어는 좋아서 음악을 하는 사람들이다. 그 결과로 당신은 스스로에 만족하고(…), 연주를 들어줄 사람들이 있다면 그들에게도 기쁨을 줄 수 있다

— 앨런 러스브리저, 《다시, 피아노》

그래, 어차피 초보이고 아마추어인데 위축되고 조바심 낼 필요가 있을까. 나름의 최선을 다하며 즐기면 그뿐인 것을. 기준을 낮춰 나 자신을 '아마추어 육아러'라 생각하니 얻을 수 있는 즐거움이 작지 않다. 조금씩 어깨가 가뿐해지고 웃음이 늘어났다.

피아니스트 조성진의 부모는 음악과 무관한 회사원과 전업

주부다. 많은 음악 영재들이 음악 가족 안에서 자라며 충분한 도움과 지원을 얻지만, 조성진에겐 가계의 음악적 유산도, 부모의 올인도 없었다. '그림자 부모'로 통하는 그의 부모는 어떤 경우에도 욕심을 내거나 나서지 않았다. 학교에 먼저 찾아간 적도, 아이의 레슨에 간섭하는 일도 없었다고 한다. 어떤 대학에 지원시키겠다는 등의 뚜렷한 목표도 갖지 않았다. 다만 아이를 믿었을 뿐.

"부모님이 음악을 잘 모르셔서 무조건 나를 지지해주신 것 같다. 덕분에 나 스스로도 나는 항상 잘될 거란 자신감과 믿음이 있었다. 믿어주신 부모님께 정말 감사하다."

쇼팽 콩쿠르 우승 후, 조성진은 이렇게 말했다.

아이의 분야를 잘 모른다는 건 과열 방지 장치를 단 것과도 같다. 잘 몰라서 적당한 온도를 유지하고 멀리서 바라보며 아이를 믿는 수밖에 없다. 물론 가만히만 있는다고 될 일은 아니다. 아이 모르게 그 온도와 거리를 유지하기 위한 다난한 시행착오와 숨죽인 노고가 필요할 것이다. 물밑으론 바삐 물을 저어도 수면 위에선 평온해 보이는 백조처럼. 그렇게 묵묵히 믿으며 다정히 바라보는 것. 나는 이것을 '아마추어의 우아함'이라 부르고 싶다.

나는 아이가 부끄러워하지 않고
무엇이든 편히 물을 수 있는 사람이 되고 싶다.
아이보다 앞서 달리지 않으며
같은 풍경을 바라보고,
서로 놓친 것을 차근차근 깨우쳐주는 사이이고 싶다.

오후 네 시

벽시계가 오후 네 시를 가리키면 아이와 나는 약속이라도 한 듯 하던 일을 멈추고 거실 테이블로 걸음을 튼다. 쨍하니 푸르던 겨울 하늘이 따스한 산호 빛으로 물들어갈 무렵, 잠시 가져보는 둘만의 티타임을 위해서다. '티타임'이라 굳이 이름 붙였을 뿐 기실 조촐한 간식 자리다. 집에서 간단히 만든 티 푸드에 나는 주로 얼그레이나 차이 티를, 아이는 꿀 섞은 우유나 과일 차를 마신다. 그즈음이면 으레 슬며시 나올 채비를 하던 하품과 꼬르륵 소리를 섭섭잖게 다독여줄, 실은 아침부터 고대해온 시간. 이 소담한 시간을 갖기 위해 아이와 나는 두어 시간 전부터 부엌을 들락이며 빵을 굽고, 호다닥 뛰어나가 과일을 사오고, 찬장을 들여다보며 접시와 찻잔을 골라온 참이다.

동틀 무렵부터 통통통 뛰어대고 웃는 아이 덕분에. 또, 먹이고 치우며 잔소리하는 나 때문에. 종일 북새통 같던 집 안도 이 시간만 되면 차분해진다. 어쩌면 지금은 집의 휴식 시간. 어디선가 휴우우, 하는 집의 긴 한숨 소리가 들려오는 것만 같다.

그렇게 한결 느슨해진 공기 안에선 우리 마음도 가라앉는다. 따뜻하게 채워진 각자의 것을 기도하듯 모은 손에 감싸 쥐고 이런저런 이야기를 두런대다보면 누가 먼저 그러자 나서지 않아도 읽던 책을 마저 읽게 되고 좋아하는 음악도 골라 틀어보게 된다. 정말이지 그런 호사를 바란 건 아니었는데, 어느새 어른들의 그것처럼 의젓하고 오붓한 시간.

나 역시 조금은 누그러져서 정리 안 된 오후의 집도 그런대로 좋아 보인다. 그래 봐야 책 한두 쪽 읽을 짬이지만 이게 어디냐는 감사함에도 잠겨든다. 그저 따스한 차 한 잔의 힘, 이라 할 밖에는.

곧 세탁기가 우릴 부른다. 친구도 다 만나고 숙제도 다 해버려 딱히 할 일이 없는 그런 시간. 아이도 나도 건조기에서 막 나온 따끈하고 폭닥한 것들을 한참 만지고 놀다 빨래를 접는다. 빨래가 나오던 시간이 마침 아이가 낮잠에서 깨어나는 시간 언저리였던가. 한숨 푹 자고 일어난 아이와 양말의 짝을 지어보거나 속옷을 비뚜름히 개던 것이 이제껏 습관으로 배어 있다.

요즘은 이 시간도 티타임의 연장에 속한다. 며칠 전 섭섭했던 이야기, 갑자기 미웠던 친구 이야기, 혼자서 궁금했던 것. 차 마시면서는 내뱉지 않았던 말들, 그러니까 아이와 나 사이에 숨은 이야기들이 한 번 더 오가는 시간. 아이에겐 좀 높은 북유럽제 의자에서 내려와 따뜻한 마룻바닥에 털썩, 책상다리하고 앉아 수건이며 옷가지들을 개키고 쌓다가 아이의 속내를 마주하는 때가 적지 않다. 옛날 어머니들은 툇마루에 앉아 옷을 꿰매고 다듬이질하며 속을 풀었다던데. '그 시간엔 시누와도 정분 난다'는 말에 절로 끄덕끄덕 웃음이 난다. 아이와 속말을 나누며 빨래를 접는 이 시간을 나는 이제 기다리기까지 하는 것이다.

엊그제는 별것도 아닌 허술한 이야기를 하다 아이도, 나도 배를 잡고 데굴데굴 웃었다. 법석으로 웃는 통에 접어둔 빨래가 다 헝클어졌는데 어라, 나보다 먼저 침착을 찾은 녀석이 흩어진 빨래를 모아 착착 정돈하는 게 아닌가. 그 모습에 이 아이가 자랐구나, 새삼 생각했다. 이렇게 앉아서 대화하는 것도 신통한데 장난치듯 익힌 고 손놀림이 야무져 흠칫 놀랐다. 길쑴해진 아이의 손가락을 쓰다듬으며 농담처럼 말했다. "우리 아가 다 컸네. 이제 장가가도 되겠네." 아이는 깔깔 웃는데 왜일까, 나는 눈물이 났다.

외출이 귀해진 시절 우리의 오후 네 시는 대개 이런 모습이었다. 물론 대화라는 보기 좋은 줄기에 예쁜 꽃과 고운 열매만 맺힌 건 아니었다. 대거리 역시 대화로부터 난다. 십 대를 목전에 둔 아이와의 대화는 쉽게 미궁으로 빠졌다. 최신 아이돌이니 게임이니 하는 이야기가 나오면 나도 모르게 한숨부터 났다. 아이를 채근해 이것저것 말하게 해놓고는 눈매가 초싹 올라가는 날도 많았다. 그러나 대화 자체보다 어려웠던 건 아이의 감정을 받아주는 일이었다. 아이에겐 내가 알지 못하는 그만의 상황과 감정이 있음을 나는 바보처럼 자꾸만 잊어버린다.

내가 하루에도 몇 번씩 좋은 엄마였다 나쁜 엄마였다 하듯 아이 역시 엄마 품에 머물고픈 마음과 그로부터 멀어지고픈 마음 사이를 분주히 오갈 것이다. 자란다는 게 무엇인지 저도 퍽 궁금하겠지. 소년이 되어가는 제 모습은 또 얼마나 낯설 거야. 하지만 아직은 동그란 떡잎 청청한 이 아이가 속만 훌쩍 웃자란다면, 그래서 뭔가를 영악하게 셈하거나 교묘히 숨기려든다면, 그 또한 가슴 아픈 일일 테다.

녀석이 저도 알지 못하는 감정을 툭 내뱉곤 당황한 얼굴이 되거나 "엄마, 팔십 번째 생일이 팔순이죠? 크크, 나는 곧 열 살이니까 일순이야. 우리 백순까지 같이 살아요" 같은 천진한 고백을 해올 때면 이런 별스런 소망마저 들곤 하는 것이다.

우리 아기 철들지 말아줄래. 속이 썩어봐야, 상할 대로 상해봐야 드는 게 철이야. 우리 아기 더 자라지 말아줄래. 다른 사람

아픔까지 다 짊어질 수 있어야 어른이 되는 거야.

전에 없던 이런 생각들이 조금씩 양감을 띠게 된 팬데믹의 날들. 나는 더 이상 아이 앞에서 너 언제 철들래, 언제 다 클래, 이런 말을 내뱉지 못하게 되었다. 장난으로라도.

오후 네 시면 간절해지는 게 유독 많았다. 혼자 하는 독서. 나가 마시는 커피. 좋은 이웃과의 유쾌한 만남. 하지만 그런 건 앞으로 얼마든 가질 수 있을 터였다. 반면 아이의 속말은 드물어서 귀한 것이었다. 아이는 내게 그 자체로 한 권의 책이었다. 그 눈빛, 그 움직임, 그 표정, 그 웃음. 아이의 모든 것이 내가 이전엔 한 번도 읽어본 적 없는 소설이자 시 같았다. 아이와의 대화는, 이때의 우리가 아니면 이뤄내지 못할 고운 풍경 같았고.

아이랑 나. 둘이서만 아늑한 온돌방에 들어앉은 듯한 기분이 들 때면 나 혼자 막 벅차올랐다. 누군가와 한 공간에 있어도 같은 마음으로, 같은 시간을 사는 건 기적에 가까운 일이니까. 지금 이 순간을 나처럼 느낄 한 사람이 곁에 있다는 온순한 평온. 이것을 한 단어로 줄여 쓰면 '축복'이 아닐까.

그렇게 또 세밑이 코앞이고, 그 사이 아이도 부쩍 자랐다. 얼결에 계절들이 오갔고 그 끝마다 나도 조금은 변했지만, 둘이서 빵 굽고 차 나누는 일상만은 고맙게도 거기 그대로다. 작은 조리대 앞에서 많이 웃고 또 부대끼며, 그저 바삭바삭 굽고 소복소복 쪄낸 달콤한 오후들. 그날 기분에 어울리는 차를 끓여 따뜻하게 마시고, 세탁기 노랫소리가 들려오면 마주 앉아 빨래를 개는 어스름의 순간들.

그때까지 우리를 지켜본 오늘의 해가 이만 안녕, 하고 넘어간 저녁이면 부드러운 옷으로 갈아입고 각자 할 일을 마저 다 독인 뒤 이불 안으로 들어가 아이가 골라온 책을 함께 읽는다. 언제나, 언제까지나 계속하고만 싶은 우리의 소중한 일상이다.

아이와 보내는 네 시가 쌓여간다. 실은 하루 중 가장 지루한 시간을 수월히 보내기 위한 궁여지책이었음을 고백한다. 하지만 그 덕에 정초부터 지금까지, 일 년이 다 좋았다. 정말로, 생각보다 훨씬 덜 나빴다. 그리고 그 덕에 십 년 후 찻자리에서 웃으며 정담을 주고받는 우리가 어색하지 않을 것만 같다. 오늘 오후엔 또 어떤 이야기가 오갈까. 어쩌면 오늘은 첫눈을 보며 차를 마실 수 있지 않을까? 흐린 12월 아침 하늘에도 웃을 수 있는 이유다.

아이랑 나. 둘이서만
아늑한 온돌방에 들어앉은 듯한 기분이 들 때면
나 혼자 막 벅차올랐다.
누군가와 한 공간에 있어도 같은 마음으로,
같은 시간을 사는 건 기적에 가까운 일이니까.
지금 이 순간을 나처럼 느낄 한 사람이
곁에 있다는 온순한 평온.

이것을 한 단어로 줄여 쓰면 '축복'이 아닐까.

다정한 이야기, 근사한 힘

《데카메론》이라는 오래된 책을 가지고 있다. '오래된'이라 굳이 써두는 이유는 이 작품이 오래전에 쓰였기도 하거니와 이 책이 내게 온 날로부터도 꽤 많은 시간이 흘렀기 때문이다. 중학교 2학년 때였다. 교과서 한구석에 소개된 이 책에 영문도 없이 빠져들었다. 14세기 유럽에 퍼진 페스트를 피해 피렌체의 한 성으로 모여든 사람들의 이야기. 병마로부터 달아난 그들은 둘러앉아 서로의 체온을 느끼며 안도한다. 그러곤 돌아가며 이야기를 들려주기 시작한다. 세상과 유리된 성에서 밤낮도 없이 이어지던, 때론 애달프고 때론 괴이한 이야기들. 볼 붉던 시절의 나는 이 모든 게 '낭만적'이라 찬탄하며 책장을 넘겼을 터였다.

중2 적 철없는 공상은 왜 하필 지금 현실이 되었을까. 다름 아닌 요즘 우리 삶이 '데카메론'이다. 바이러스를 피해 집 안으로 몸을 숨기고 타인과 거리를 둔 채 살아간다. 오늘도 코로나 방학 중인 아이가 심심함과 졸음이 담긴 눈으로 나를 바라본다. 뭘 해줘야 하나 궁리해보지만 아이가 열 살쯤 되고 보니 이럴 때 내가 해줄 수 있는 게 그리 많지 않다는 사실만이 간신히 손에 잡힌다. "낮잠을 좀 자면 어때?" 아이는 묵묵히 고개를 저었고.

암만해도 별수가 없어 아이에게 팔베개를 해주고 덥석 누워버렸다. 떠오르는 이야기나 좀 해줄 요량으로. 마침 선선해진 공기가 스물 무렵의 가을을 불러온다. 친구와 종로에 들러 패스트 푸드점의 300원짜리 아이스크림콘을 들고 깔깔대다 광화문 교보문고로 들어가 한동안 간절하던 CD를 사던 날. 그날 낮고 흐렸던 하늘을 기억한다. 종이봉투를 안고 나왔는데 비가 내려 당황했던 마음, 큰길에 늘어선 노랑 은행나무들과 고고한 회색 세종문화회관, 젖은 아스팔트 냄새와 코트 깃에 묻은 향수 냄새, 막 뜯어 플레이어에 올린 새 CD가 지잉 하고 돌아가던 순간의 설렘. 그런 것들이 커다란 새처럼 날개를 펼치고 머리 위를 휙 스쳐갔다.

그런 것들을 아이에게도 하나둘 꺼내어 펼쳐주니 꽤 집중하는 눈치다. 동그래진 눈으로 "아이스크림이 300원? 정말?",

"나도 CD 플레이어 갖고 싶어!" 하며 귀여운 추임새까지 넣는다. 그 모습이 꼭 옛날이야기를 듣는 소년 같아서 몰래 웃어버렸네.

옛날이야기를 듣던 시절은 내게도 있었다. 동생과 내가 쉬 잠들지 못하는 날이면 아빠는 아빠만의 '옛날이야기'를 들려주셨다. 깜깜한 밤을 달가워하지 않는 아이였던 나는 그 시간을 즐겨 기다렸다. 그리고 그때 이불 속에서 눈 감고 보았던 풍경들을 여태 지니고 산다. 산골 구석구석을 누비던 얼룩 강아지와 그를 사랑스럽게 바라보던 눈이 큰 소년. 그 이미지에 기대어 나는 무서운 꿈들을 물리칠 수 있었다. 더는 배가 아프지도, 목이 마르지도 않았다. 아침에 떠올려보면 그게 꿈인지 정말인지 알 수 없을 정도로 생생한 장면과 소리가 여럿 있었다. 아빠의 이야기가 내 꿈속으로 번져든 거야, 그렇게 믿을 수밖에.

반면 이야기의 끝은 흐릿하기만 하다. 하루가 무사히 저물어 모두가 잠옷을 입고 있다는 그 넉넉한 안도감, 딸들을 재울 준비를 마친 아빠의 포근한 목소리에 금세 잠이 들어버렸기 때문이다. 그래. 그 안에는 어린 아빠, 라는 내가 영영 모를 인물이 디딘 발자국이 남아 있었다. 컹컹 개 짖는 소리와 마치 "어서 들어와 밥 먹거라" 하는 할머니 부름과도 같았을 가마솥 밥 짓는 냄새, 소년이 내지른 메아리까지도 다 들리는 것 같았다. 이야기를 들려주는 아빠의 행복이 내게도 끼쳐왔다. 아빠에게 흰머리가 하나도 없던 시절. 그가 아쉬워했을 어제와 호기심으로 가득 찬 내일들. 그 모든 걸 내 시간으로 살아냈다는 만족감이 나를 재웠을 터였다.

되짚어보면 육아 초반 나를 끙끙 앓게 만든 서늘함의 정체는 이런 이야기들로부터 뚝, 끊겨난 듯한 느낌이 아니었을까. 여전히 모두가 도란거리는 세상에서 나만 돌려 세워진 듯한 적막감. 할머니의 이야기를 들으러 밤마다 화롯가에 모였던 아이들의 심정이 너무나 헤아려지던 날들이었다. 잠들지 않는 아이를 안고 어르는 내게도 그처럼 다정한 화롯가가 하나 있다면 어떤 하루를 보냈든, 얼마나 힘이 들었든 다 괜찮아질 것만 같았다.

옛이야기의 치유 효과가 과학적으로 입증된 건 최근의 일이라 한다. 하지만 우리는 이미 다 알고 있었다. 좋은 어른이 머리맡에서 자분자분 들려주던 정겨운 이야기의 힘을. 거기엔 놀라운 교훈이나 재미 같은 건 적었을지 모른다. 하지만 자신이 정말로 느꼈던 좋은 것들을 사랑하는 사람과 가득가득 나누고픈 그 꾸밈없는 마음. 이제 막 세상에 심긴 꽃씨에게 맑은 비와 고른 볕이 되어주는 건 분명 이쪽일 거라고 나는 믿는다.

세상엔 거대한 이야기가 많다. 끊임없이 밀려오는 그 크고 엄청난 이야기 앞에서 어린 마음은 놀란 꼬막마냥 쉽게 움츠러들었다. 하지만 가까운 사람들의 이야기는 달랐다. 가족들, 이웃들, 친구들. 그들의 착하고 소담한 이야기에 귀를 기울이면 그 어떤 어려운 마음도 어느새 사르르 힘을 내 복숭앗빛으로 생글대곤 했다. 그 사실을, 나는 오늘 내 아이에게 이야기를 들려주며 새로 기억해낸다. 그렇게 개어온 마음 위로는 곧, 고운 꿈 가루들이 소복소복 내려앉을 것이었다.

"아가, 가을이 깊어지면 우리 팔짱을 끼고 종로를 걷자. 봄에는 조금 느린 기차를 타고 할아버지 고향 마을에도 가보자. 그리고 다음 크리스마스는 벽난로와 굴뚝과 크림색 강아지가 있는 이모네서 보내는 거야. 어때? 이모랑 이모부가 정말 기뻐하시겠지?"

이리저리 읊어대다 문득 고요해 품 안을 보니 아이는 어느새 자올자올 잠이 들어 있었다.

"그래, 조만간에 꼭."

잠든 아이에게 편지라도 쓰듯 그렇게 중얼거렸다. 순간 미래를 향한 계획 하나하나가 희망의 빛을 띠고 다가와 조금 놀랐다. 아이와 나, 아니 세상 모두가, 희망이라는 단어에 이토록 진심인 적 없었으니.

외로움에 지지 않고, 힘들어도 멈추지 않고, 울고 싶다 말하지도 않고. 다만 어제의 이야기를 나누며 오늘 서로의 체온을 느껴보는 일. 그건 어쩌면 어려움을 버티는 인간의 기본자세가 아닐까 생각했다. 할머니의 화롯가에 옹기종기 둘러앉아 겨울밤을 보내던 아이들처럼. 역병을 피해 모였던 《데카메론》의 주인공들과 요즘의 우리처럼.

그렇게 이 하루도 우리 함께였네. 순하게 잠든 아이 머리칼을 쓸며 생각했다. 그러니 얼마나 다행이야, 서늘바람 자꾸만 불어와도 함께라 적막지는 않았으니. 해 길던 날들이 점점 사위어간대도 마음만은 속절없이 따스했으니.

다정한 신비

　햇살이 내리쬐는 사거리에 서 있었다. 퇴근 시간의 강남역, 금요일 저녁 특유의 활기에 발걸음마저 통통 튀듯 가벼웠다. 이십 분이나 늦었음에도 길을 건너며 마냥 느긋했다. 약속 장소에 먼저 와 앉은 이는 초면인데 어쩐지 낯이 익다. 그를 나에게 소개시킨 이는 나의 사촌 오빠다. 둘은 오랜 동네 친구인데, 그 동네는 삼촌 댁이 있으니 내게도 익숙한 곳이었다. 게다가 그는 최근 나와 같은 동네에 살았으며 내 사무실 바로 옆 건물이 그의 사무실이라고도 했다. 운명이라든가 뭐 그런 거대한 건 아닐 거야. 멀거니 생각하면서도 신기했다. 그때까지 그 사람을 내게 꽁꽁 숨겨오던 세상이 마침내 그날, 투명하게 제 속을 열어 보인 것만 같아서. 이듬해 그와 나는 부부가 되었다.

아이가 태어난 건 다음 봄이었다. 막 세상에 나온 아이는 어딘지 낯설고 놀랍게 먹먹했다. 동시에 나는 여기서 아주 오랫동안 이 아이를 기다려온 느낌이었는데, 그건 어쩌면 생을 거스르는 기억인지도 몰랐다. 처음 보는 작은 얼굴인데도 또렷한 친근함이 어려 있었다. 남편을 닮았나 싶었는데 시어머니께선 아이가 아이의 증조할아버지와 똑 닮았다며 놀라워하셨다. 그날로부터 아이는 내내 누군가를 닮았다는 말을 들으며 자라왔다. 하루는 아빠, 하루는 엄마, 한동안은 할아버지, 그다음은 할머니, 고모와 이모는 물론 사촌과 육촌까지 사람들은 아이와 가깝고 더러는 아주 먼 누군가의 어떤 기색을 아이에게서 읽는다. 이제는 한참을 거슬러 올라가 몇 대 위 조부의 성품을 닮았다는 이야기까지 나오는 참이다. 그 모든 걸 내가 다 알 수는 없지만, 우리에게도 분명히 새겨져 있을 무수한 이야기와 오붓한 기척들을 아이로부터 길어내는 일은 모두를 즐겁게 한다는 것. 그건 조금 알 것 같다.

"할아버지께서 콧수염이 있으셨던가?"

얼마 전 가족 모임에서 시아버지가 물으셨다. 갑작스러운 질문에 할아버지의 모습을 급히 더듬어보았다. 하얀 머리와 자그마한 체구. 콧수염은 없으셨는데. 골똘한 나 대신 친정 아빠가 대답하셨다.

"예전에 잠시 콧수염을 기르셨습니다."

맞다. 아빠의 졸업 사진 속 할아버지는 콧수염을 기르시고 중절모를 쓰신 세련된 신사의 모습이셨다. 어르신들의 말씀이 이어졌다.

"할아버님 호가 ○○셨지요? 월곡동에 사셨고요."

"예."

"제가 70년대에 그 근처에서 서예를 배웠습니다. 그때 함께 하신 분 중에 ○○라는 호를 가지신 분이 계셨어요. 생각해보니 그분이 연진이 할아버님 아닐까 싶어요."

아빠 얼굴에 화색이 돌았다.

"아, 맞아요! 그때 아버지께서 거기서 서예를 배우셨어요."

"그렇지요? ○○라는 호가 흔치 않은 데다 연배가 얼추 맞는 것 같았어요. 호탕한 분이셨어요. 말씀도 재미있게 하시고 학우들 밥도 잘 사주셨고요."

순간, 반가움을 누르고 튀어나온 건 어리둥절함이었다. 늘 엄하고 조용하시던 할아버지에게 저런 면이 있었다니! 내가 모르는 할아버지의 모습을 70년대의 시아버지께서 이미 다 알고 계셨다.

"이것 참, 인연은 인연이네요."

터져 나오는 웃음소리에 늦은 오후가 반짝였다. 물론, 우리의 한 조각 에피소드는 영화나 소설의 서사에 비하면 한참 성글고 지극히 현실적이다. 하지만 이 모든 순간순간이 우리에겐 거대한 '사건'이었다. 현재를 아우르는 시공간 어딘가에 작은 틈이라도 났더라면, 오늘의 우리는 아주 달라졌을 터.

내 곁의 이 아이도 그렇다. 살아오며 마주친 여러 장면들, 풍경들. 개중에 이해하기 힘들고 더러는 너무 아팠던 기억들조차 이 아이를 만나기 위한 과정이었다고 생각하면 마음이 놓인다. 부족한 내 손으론 억지로 꿰려야 꿸 수 없던 것, 만들래야 만들 수 없던 것들이 너무 많았다. 이해할 수 없었으니 받아들일 수도 없었다. 하지만 그 모든 언덕과 굽이가 여기를 향한 에두른 길이었다면, 후회도 미련도 눈 녹듯 사라진다. 그래, 어쩌면 나는 이 아이의 엄마가 되지 않았을 수도 있었다. 내 삶의 모든 성분 중 하나라도 달라졌더라면 말이다. 아찔함에 가슴을 쓸어내린다.

아가. 대체 어떤 인연으로 우리는 이렇게 만났을까? 엄마는 그 생각을 하면 지금까지의 나를 만들어준 모든 것. 그래서 지금 우리를 만나게 해준 모든 것이 다정하게만 느껴진단다. 이제껏 나를 스쳐간 모든 우연과 인연들, 바람결 하나에까지 고마운 마음이 들고는 해.

정말이지 우리는 어디서부터였을까? 이 작은 아이 안에 얼마나 많은 삶과 눈물과 웃음이 들어 있는지 나는 영원히 모를 테다. 오랜 시간, 무수한 씨실과 날실이 쉼 없이 오간 끝에 맺힌 곱디고운 한 점. 아이야, 그렇게 태어난 네가 얼마나 귀하고 소중한지 너는 아니?

　여기 당신과 나 역시 다르진 않을 것이다. 우리 모두는 세상에서 가장 아름답고 놀라운, 다정한 신비다.

　인연과 우연을 말할 때면 떠오르는 영화가 있다. 키에슬로프스키 감독의 색 삼부작 중 마지막 편, 〈세 가지 색: 레드〉가 그것이다. 감독의 카메라가 무심히 비추는 두 주인공 발렌틴과 오귀스트는 가까운 곳에 살지만 서로를 모른다. 거리에서, 상점에서 이미 몇 번을 마주쳤어도 눈길 한번 주지 않고 그저 지나칠 뿐이다. 이처럼 투명하게 스치는 둘의 모습이 얕고 피상적인 관계의 무상함을 대변한다면, 발렌틴의 자애로운 마음에 감화된 퇴직 판사의 이야기는 작은 우연이 어떻게 한 사람을 움직이는 '필연'이 될 수 있는지를 보여준다. 발렌틴은 우연히 차에 친 개를 그냥 지나치지 않고 그 주인을 찾아간다. 그렇게 만난 노판사에게 그녀는 순수한 연민을 느끼고 그에게 따스한 관심을 보여준다.

　영화는 마지막 장면까지도 우연과 필연의 교차를 부단히 담아내며 낱낱의 '만약 ~하지 않았더라면'을 되감게 만든다. 그러니까 그날 발렌틴이 차를 몰고 나가지 않았더라면, 오귀스트와 발렌틴이 그곳을 향하지 않았더라면, 그리하여 크레딧이 오를 때쯤이면 어딘지 몽글몽글해진 마음으로 주위를 휘 둘러보게 된다. 혹시 나, 지금 미처 깨닫지 못한 인연들을 너무 쉽게 흘려보내고 있는 건 아닐까. 불쑥 나타나 삶을 뒤흔드는 사건의 전조들도 실은 가까운 곳에서 가만가만 솟아나고 있는 게 아닐까. 이제는 나의 일부로 스며든 소중한 '필연'들에 마냥 둔감해진 건 아닐까, 스스로 묻게 되는 것이다.

아이와 처음 만난 봄으로부터 몇 해의 시간이 흘렀다. 그러나 아이가 혼자 노는 일은 아직 거의 없어서 "엄마 뭐해?"나 "엄마 이것 좀 봐요!"의 순간이 여전히 많다. 종종 귀찮고 특히 무언가에 집중해야 할 때는 화도 난다. 하지만 생각한다. 이 많은 사람 중에, 이 넓은 우주에서, 나에게 이토록 순수하게 다가와주는 이가 있음이 얼마나 고마운 일인지. 나를 향하는 그 애의 꿀에 재운 듯한 눈빛, 보드란 손길, 눈 맞추며 터뜨리는 웃음. 그런 것들이 얼마나 귀하고 사랑스러운지. 어쩌면 내게 오지 않았을 수도 있는, 오늘 내 곁을 맴도는 이 작은 온기가 내게 얼마나 큰 위안이 되는지. 칠십구억분의 일. 굳이 그런 확률을 헤아려보지 않더라도.

아이 삶에 빛을 던져주는 일

북불北佛의 스트라스부르에서 나는 몇 달 동안 해를 못 본 적이 있다. 사람들이 큰 소리를 지르며 거리로 뛰어나가는 걸 뒤따라가면 햇살이 거리를 환하게 밝히고 있었다.

— 김현, 《사라짐, 맺힘》

티끌 하나 없이 말간 아침, 마주한 김현의 문장에 가슴이 조여왔다. 그 문장을 심상히 넘기기에 나는 프랑스 북쪽에서 태어나 태양을 좇아 아프리카까지 흘러갔던 시인, 랭보의 이야기를 잘 알고 있는 까닭이다. 그가 스쳐간 공간들을 수없이 그려봤으면서도, 그리하여 그에 관한 논문을 써냈으면서도, 사철 볕 좋은 나라에서 태어난 덕에 그가 유년을 보낸 곳이 이토록 혹독할 줄은 미처 몰랐다. 샤를르빌. 시인이 평생 달아나려 했던 프랑스 북부의 작은 마을. 어둠과 그늘이 먼지처럼 켜켜이 쌓인 고장에서 소년은 늘 빛이 궁했다.

그 때문일까? 그의 시를 읽는 날이면 여지없이 집 안의 모든 불을 켜고 싶었다. 그러고도 모자라 헤밍웨이의 소설 《깨끗하고 밝은 곳》을 빼 들기도 했다. 이 엽편 소설엔 밤이 깊도록 카페 문을 닫지 못하는 나이 든 점원이 나온다. 야심한 시각에도 '깨끗하고 불빛이 밝은 카페'의 위로가 간절한 사람이 이곳을 찾을지 모른다며 말이다. 소설을 읽으며 그 카페에다 랭보를 데려다놓는 상상을 제법 했었다. 그러면 가슴속 알전구 하나에 불이 들어왔고, 그제야 안심하며 시집을 닫을 수 있었다.

소년 랭보는 늘 빛을 찾아 헤맸다. 그의 아버지는 일찍이 집을 나갔고 어머니는 툭하면 그의 뺨을 때렸다. 그러니 조숙한 천재 소년의 마음에 반항이 싹튼 건 온당한 수순이었을 터. 마침내 열댓 살의 랭보는 그의 초기 시 〈고아들의 새해 아침〉에서 자신을 고아로 바라보기에 이른다. 자신을 저버린 사람들에 대한 원망보다 어떻게든 그들을 기쁘게 해야 한다는 압박감에 더 아파하며.

온종일 아이는 땀 흘리며 복종했지.

아주 똑똑했으나 얼굴에 번지는 어두운 경련들은

그 속의 쓰디쓴 위선들을 증명하는 듯했지.

— 아르튀르 랭보, 〈일곱 살의 시인들〉, 저자 역

랭보는 빛을 찾아 헤매면서도 그것이 무엇인지 몰라 빛을 등지고 앉을 수밖에 없는 아이였다. 그는 강압적이고 차가운 어머니를 '어둠의 입'으로, 고향을 '슬픈 구덩이'로 칭하였는데, 어머니와 집을 일컫는 말 중에 이보다 따가운 것을 나는 알지 못한다. 하여 간절히 바라게 되는 것이다. 그때, 막 세상을 배워 가던 랭보 곁에 '깨끗하고 밝은 곳'의 점원처럼 상한 마음을 헤아려주는 이가 있었더라면. 갈 곳을 몰라 차라리 길을 잃던 그에게 언제든 찾아들기 좋은 깨끗하고 밝은 곳이 있었더라면.

한 인간이 삶을 택하는 방식은 그가 살아온 시간에 뿌리를 두곤 한다. 어떤 커다란 계기가 생기지 않는 한 어려서 그늘에만 앉던 아이는 자라서도 그늘로 가 앉게 되는 것이다. 다만 편리한 습관이 되어. 세상에 선택지라곤 그뿐인 양.

아이 방은 동남향이다. 집에서 아침 해가 가장 먼저 드는 곳이다. 진달래, 나리, 붓꽃. 창밖이 온통 나지막한 꽃들뿐이라 오후에도 성큼 그늘이 지지 않는 방. 그 방은 명목상 '아이 방'일 뿐 별 구실을 하진 않는다. 방 주인인 아이가 방에 있기보다 거실에서 가족과 체온 나누기를 더 좋아하는 까닭이다. 홀로 적요한 방. 그럼에도 집에서 가장 깨끗한 볕이 들고 예쁜 꽃이 보이는 곳을 아이 방으로 내주었다.

새날 아침이면 찬물로 세수하듯 아이 방을 쓸곤 한다. 창을 열어 맑은 바람과 햇살을 들이고 책장을 살살 닦아내며 생각한다. 아이가 보는 세상이 꼭 이랬으면 좋겠다고. 크든 작든, 혹은 물리적이든 아니든 세상 한구석에 자신을 위하는 공간과 그에 마음을 써주는 사람이 있다는 건 얼마나 복스러운 일인가. 그런 사소한 몸짓이야말로 아이 삶에 빛을 던져주는 일이 아닐까? 깜깜한 밤에도 기댈 만한 작은 빛을 북극성 삼는다면, 우리는 앞으로 나아갈 수 있으니.

그렇게 맞이한 또 한 번의 아침, 물 한 잔을 들고 커튼을 열었다. 순간 아이의 다갈빛 머리칼이며 물컵과 수국 위로 공평하게 부서지는 햇살에 눈이 부셨다. 들여놓아야 할 그릇들이 아직 나와 있고 해야 할 일들이 첩첩이지만 잠시 미루어둔다. 쇼팽의 왈츠를 걸고 앉아 사물들이 내는 빛을 눈에 꼭꼭 새긴다. 비록 이 아침은 이렇게 멎어버렸지만, 오늘 같은 날은 감히 내가 나쁘지 않게 살고 있단 생각에 도리어 마음이 환하다.

이 복된 햇살 안에서 랭보의 시를 읽는다. 조금은 다사로워진 마음으로 그의 형형한 언어들을 따라간다. 천천히, 더듬더듬. 그가 이 시를 나에게 보낸 거라 기쁘게 착각하며. 먼 시공을 건너 내게 당도한 소년의 목소리는 어쩌면 한때 우리가 꾸역꾸역 삼켜낸 목소리, 혹은 오늘 우리 아이들 속에 감춰진 목소리 아닐까, 또한 머뭇대며.

스무 살에 시 쓰기를 멈춘 랭보는 어둠을 해찰한 시인이었다. 아직 소년인 그가 빛을 모르는 양 굴 때면 나는 어쩔 줄 몰라 발만 동동 굴러댔다. 그럼에도 그를 놓지 못한 건 그의 시 속에서 순한 싹처럼 돋아나는 태양, 빛, 햇살 같은 단어의 온건함 때문이었다.

하기야 그 옛날 불문학을 배우고픈 첫 마음도 랭보로부터였으니 그를 알고 지낸 지도 꽤 되었다. 여전히 궁금증 투성이인 내게 그는 늘 무언가를 되물어오는 사람이고. 하여 어쩌면, 아니 바라기로는 지금 도닥이는 이 함량 미달의 글이 그에게 보내는 늦은 답장과 같기를.

덕분에 일광 안에선 본 적 없는 섬약한 빛을 나도 본 듯하다고. 어둠이 짙을수록 빛은 길이 되며, 그렇게 어둠을 품어 안는 것 또한 빛의 속성임을 아슴아슴 깨우친다고. 오래전 빛을 찾아 세상을 떠돌던 한 소년에게, 아끼는 봉투에 향기로운 우표를 달아 보내고 싶다.

드디어 되찾았어. 무엇을?

— 영원을.

그것은 태양과 함께 가는 바다.

— 아르튀르 랭보, 〈영원〉, 저자 역

그런 집을, 너에게

과연 겨울이다. 조금 느릿한 행동도, 게으름도 이런 날씨라면 단박에 이해를 얻지 않을까. 차 한 잔이 커다란 위안이 되는 계절. 그러므로 집의 다정함이 더없이 즐거운 계절이기도 하다. 남편과 머리를 맞대고 연말 카드와 선물을 고르고, 책과 아이와 부둥대는 슴슴한 날들. 그렇게 매일매일 온 식구가 한 지붕 아래 모여 복작대는 일상을 나름의 열심으로 이어간다.

물건들 또한 그만큼 낡아졌다. 아이 잠옷의 무릎과 내 실내화 뒤꿈치는 기어이 닳아버렸다. 몇 통의 식혜와 과일청 단지들을 착실히 비워냈고, 책들의 모퉁이를 접고 또 접었다. 책상 위엔 다 써서 놀놀해진 노트가 몇 권. 겨울 입구에서 길쭉하던 아이의 연필들은 마침내 잡기 힘들 만큼 작은 몽당연필이 되고 말았다. 그에 비하면 아이의 자람은 얼마나 대견한 풍경인가. 날마다 새롭게 채워지고 도탑게 자라나는 건 역시 아이뿐임을 겨울로부터 배운다. 그렇게 한 공간에 머물며 물건들을 성실히 나눠 쓴 이들이 두루 무탈하다는 사실에 감사할 즈음이면, 봄이었고.

어느 겨울엔가 길다란 스탠드가 들어 있던 정말 정말 커다란 상자에 아이와 창문을 뚫고 집을 만들어 놀던 기억이 난다. 자, 이걸로 네 마음에 쏙 드는 집을 만들어 봐, 라는 말에 아이는 크레용과 색종이가 아닌 예상 밖의 물건들을 집어 들었다. 손전등, 쿠션과 담요, 책 몇 권. 그러더니 다른 무엇도 더하지 아니하고 상자로 들어가 천장에 손전등을 달고 쿠션에 기댄 채 담요까지 척 덮더니 태연히 책을 읽기 시작했다. 그 집에 아이가 달아준 이름은 '잠 책 집'. 이름이 하도 간결하기에 설마 하며 (그래도 한 번은 물어줘야 할 것 같아서) 무슨 뜻이니 물었더니 아이가 창문을 빼꼼 열고는 "얘도 집이잖아요. 편안하게 잠도 자고 책도 읽는 곳이에요"라고 대답했다. 나는 이런 집이 제일 좋거든요. 스르르 그런 말도 덧붙이며.

그 한마디를 여전히 떠올리며 산다. 사랑하는 사람들과 한 이불 안에서 잠들고 그들의 체온 곁에서 마음껏 책을 읽을 수 있는 집. 덕분에 '인테리어'와 '라이프스타일'이 넘쳐나는 이 시대에, 집을 이루는 많은 요소 중 우리가 정말 꼭 쥐고 살아야 할 게 무엇인가를 오래오래 곱씹을 수 있었다. 아이가 몇 날이고 웃으며 들어가 지냈던 그 간결한 상자 집 위로는 위대한 건축가 르 코르뷔지에의 오두막집도 어렵지 않게 겹쳐 들었다. 수많은 곳에 자신의 아성을 쌓고, 파리에 호화로운 대저택을 거느렸던 노장이 여생을 보낸 바닷가의 네 평 통나무집. 그리고 오랫동안 가슴에 머물러온 그의 당당한 고백.—이곳이 나의 궁전입니다. 이 정도면 충분히 행복해요.—현재 가장 작은 세계문화유산으로 기록된 그의 오두막집은 작지만 우아하고, 간소하지만 안락하다.

아이는 이미, 집에 관해 나보다 더 많은 걸 알고 있었는지도 모르겠다.

그렇게 우리는 저마다 나름의 집을 만들어 그 안에 산다. 그리고 집은, 우리 기억 속에 집을 짓고 산다. 우리의 기억과 무의식이 '집의 집'인 셈이다. 내가 예전에 살던 집들 역시 그렇다. 부모님의 한결같은 마음과 정성이 담긴 우리 집은 늘 예쁘고 쾌적했다. 그러나 그런 것들과 별개로 내 마음이 좋지 못한 시절에 살았던 집은 끝내 어둡고 바스러질 듯한 심상으로 남아 있다. 심지어 실제보다 밉게 기억되기도 한다. 반면 낡고 작은 집이었지만 반짝반짝 어여쁜 기억으로 남은 집도 있다. 우리가 살던 아파트가 헐리고 다시 오르는 동안 임시로 들어가 살던 집. 그 새 둥지 같은 집에서 고3 한 해를 보내며 나는 참 많이도 웃었더랬다. 왜인지 그 집에서는, 사춘기 긴 터널의 끝이 보이는 것 같았다. 밤마다 함부로 좌절해도 아침이면 새로운 희망에 겨워 눈을 떴다. 하여, 내 유년의 기억 속 가장 좋은 목에 집을 짓고 있는 집은 바로 그 집이다.

가끔 그런 생각도 든다. 수십 년 뒤에 우리가 지금 사는 집의 평수나 브랜드를 얼마나 기억할 수 있을까. 결국, 우리 안에 남는 것은 그 안에서의 사소한 부대낌, 매일매일 함께 나누던 꿈, 친밀히 닿아오던 서로의 따스한 기척. 그런 것들이 아닐까.

집을 보살피는 이로써 나는 요즘 쓸고 닦고 광내고 비우는 일 이상의 무언가를 하고 싶다. 더 많이 사랑하고 느끼며, 우리의 영혼을 한 줄금이라도 성장시킬 수 있는 집. 마치 잘 닦인 거울처럼, 나란 사람을 여지없이 드러내는 순진무구한 집. 그래서 때로는 나를 위로하고 때로는 나를 일깨우기도 하는. 낙서 가득한 벽이나 뻑뻑한 창틀에도, 녹슨 문고리에도 평생 누구도 앗아가지 못할 우리의 이야기가 어룽더룽 쌓여가는 집. 그렇게 우리와 함께 나이를 먹고 삶의 모퉁이를 돌기도 하며, 저녁의 온건함과 아침의 찬란함을 가득 품게 된 집. 진실, 선함, 아름다움. 그런 가치가 깃든 집의 기억을 아이에게 주고 싶다.

어린 시절 행복한 기억이 많은 아이는 더 튼튼한 삶을 살 수 있다고 한다. 유년 시절의 따뜻한 기억은 마치 방전되지 않는 배터리 같아서 살아가는 데 오래오래 큰 힘이 된다고. 그렇다면 그 배터리가 가장 많이 만들어지는 곳은 바로 집, 이 아닐까.

식구들과 나의 성정을 오롯이 담아주는 곳. 세상의 때를 다 털어내고 마침내 푹 쉴 수 있는 곳. 오늘 어떤 낮을 보냈든, 어느 거리를 걸었든 우리는 모두 집으로 간다. 내내 아늑하고 따뜻할, 아마도 천국의 부근.

Part 3

매일매일
기적이라는 마음으로

따뜻한 구름 한 잔

기온이 뚝 떨어진 아침이다. 매년 이맘때면 보글보글 차를 끓이며 아침을 시작한다. 막 일어난 아이 코에 찬 기운 대신 따뜻한 김을 넣어주고 싶어서 주전자 가득, 얕은 불로 무언가를 달이듯이 끓여낸다. 아이가 늦잠을 자는 주말이면 잼이나 수프처럼 좀 더 오래 공들여 끓여야 하는 것을 뭉그러니 불 위에 올려둔다. 이런 날은 영하 아래로 기온이 훌쩍 내려간다면 더 좋을 것이다. 훈훈을 넘어 '흡흡'할 정도로 온도를 높여두는 것. 보일러를 틀지 않아도 얼마쯤 지나면 온 집 안 창문에 뽀얀 수증기가 맺힌다. 추위를 예감하며 따뜻한 아랫목에 웅크리고 있던 아이는 방문을 열자마자 맞닥뜨린 온기와 달콤한 냄새에 깜짝 놀란다. 성탄 아침 선물이라도 발견한 듯 웃는 얼굴로 다가와 "뭐 끓여요?" 하는 아이에게 온기는 물론 막 만든 더운 것을 건넬 수 있으니 나 역시 기쁘다. 오늘은 아이가 좋아하는 오곡 차다.

계절이 겨울로 기울던 어느 날 우연히 창가에 슬리퍼를 두고 잠든 적이 있다. 다음 날 슬리퍼에 발을 넣었더니 소복이 쌓인 아침 햇살이 온몸으로 퍼져나가는데 무슨 응원이라도 받는 듯 기운이 났다. 지난밤엔 아이의 옷과 양말도 그렇게 두었더니 씻고 나온 아이가 묻는다. "내 옷을 왜 여기에 둬요?"

"응, 그러면 내일 아침 햇볕이 묻어서 따뜻하게 입을 수 있거든."

녀석은 아직 표정을 숨길 줄 모른다. 입꼬리가 씰룩 올라가는 걸 그 자리에서 들켜버린다.

아닌 게 아니라 이 계절엔 아이를 따뜻하게 지키는 게 나의 주된 소임이다. 젖은 머리칼을 따뜻한 바람으로 말려주는 일, 살살 배 아픈 날 배 위에 찜질팩을 올려주거나 칼바람 부는 날 따끈따끈한 팥 주머니를 주머니에 쏙쏙 넣어주는 일, 건조기에서 막 꺼낸 옷을 얼른 입히는 일, 다리미에 남은 열로 담요나 방석을 슥 다려주는 일, 뜨끈한 쇠고기뭇국에 밥을 말아주는 일, 테이블 위에 퐁듀 팟이나 주전자 워머를 올려놓고 향긋한 티타임을 갖는 일은 아이가 무척 좋아하는 일이기도 하다. 잠깐 더

운물에 발을 담그게 하거나 따끈한 수건으로 손발을 감싸 꼭꼭 눌러주면 잠도 잘 잤다.

　그 온도가 제법 잘 맞았는지 아이는 요즘 뒤돌아서면 자라 있다. 아이의 순간과 나의 순간은 질감 자체가 다른 느낌이다. 어른인 내가 멍하니 커피를 내리는 순간에도 아이는 눈을 반짝이고 열을 내어 무언가를 해내곤 했다. 뒤집고, 옹알이하고, 기고, 걷고, 글을 읽고, 무언가를 만들고, 부수고, 세상을 탐험하며 제 나름의 순간들을 만들어간다. 그렇게 그 순간이 지나면 다시는 보여주지 않을 것들을 해내느라 녀석은 오늘도 바쁠 예정이다.

　문득 고흐의 그림 〈첫 걸음마〉(235쪽)가 떠오른다. 태어날 조카를 상상하며 그린 소박하고 목가적인 그림이다. 그림 속 아빠는 걸음마 하는 아기를 향해 팔을 벌리고 엄마는 아이 뒤를 쫓는다. 아이의 첫걸음을 바라보는 부모는 얼마나 애가 타고 조바심이 날까. 하지만 그들은 그 마음을 앞세우지 않는다. 아이 손을 잡아끄는 대신 아이와 적당한 거리를 둔 채 앞에서 손을 흔들어주고, 뒤에서는 밀어주지 않되 아이를 붙잡아줄 수 있는 안전한 거리 안에 머문다. 풍경은 물론 그 안에 담긴 거리감과 마음마저도 참 포근한 그림이다.

　그림 속 부부는 이날을 잊지 못할 테지. 이 기쁨을, 그들의 무릎이 성하고 손바닥이 부드러우며 아이가 막 걷던 날의 찬란함을. 어쩌면 나이가 들수록 더 아름답게 채색될 수도 있겠다. 아이와 함께하는 오늘이 더 아름답길 바라는 건 아이뿐 아니라 내게도 아름다운 기억을 남기기 위함이다. 이 순간도 내 인생의 한 자락임을 잊지 말아야지. 오늘 하루도 잘 지내봐야지. 토닥토닥 그런 생각을 하며 빵을 굽고 커피를 내렸다.

잠시 뒤 아이가 나왔다. 열 난로 부럽잖은 오븐의 훈기와 모카 포트 수증기 덕에 부엌의 온도는 성큼 올라 있었다. 오늘도 머리에 까치집을 얹고 곁에 선 아이는 우유 거품과 거품기를 유심히 지켜본다.

"공기로 우유를 부풀렸네. 나도 먹어보고 싶어요."

우유 거품을 좋아하지 않는 아이인데 웬일인가 싶었다. 아무래도 날이 차가워져서겠지. 데운 우유에 꿀을 넣고 전동 거품기를 윙 돌려 풍신한 거품을 냈다. 그때 떠오른 것이 '따뜻한 찻잔'이었다. 어느 찻집에서 만져본 따뜻하고 도톰한 도자기 잔. 그 잔에 담긴 차는 바로 마셔도 좋을 만큼 은은한 온도였는데 차를 담아낸 잔이 정말 따뜻했다. 손잡이며 입술이 닿는 부분까지 잔 전체가 약간 뜨겁다 싶을 정도로 잘 데워져 있었다. 잔 받침과 스푼까지 모두 따뜻해서 차를 마시는 내내 안온했던 기억이 난다. 차 또한 오래오래 식지 않았다.

마침 빵을 다 구워낸 오븐에 잔을 데워 거품 오른 우유를 담아 아이에게 건넸다. 동그래진 눈으로 아이가 그런다.

"따뜻한 아이스크림 같아."

"따뜻한 구름 같기도 하지?"

"으응."

입가에 묻은 구름 조각을 훔쳐내며 웃는 낯이 그새 발그레하다.

따뜻한 잔을 잊지 말아야지, 그렇게 생각했다. 엄마인 내가 정말 힘써야 할 일은 스스로 따뜻하게 있는 것. 내가 식음으로써 아이의 뜨거움을 빼앗는다든지 밍밍하게 흩어버리지 않는 것. 그런 게 아닐까. 이 아침, 작은 부엌에서 피어난 한 줌의 온기가 오늘 아이가 만날 모든 이에게 전해지고, 그 온기가 또 누군가에게 전해지며 자꾸자꾸 둥글게 퍼져나간다면 더욱 좋겠고.

고흐는 이 그림을 가장 춥고 어두운 계절인 1월에 그렸다. 그가 많이 아프던 날들이었다. 그림 속 계절은 봄이다. 빨래를 말리는 청결한 햇살은 아침의 그것 같다. 차가운 병실에서 화가는 어떤 꿈을 꾸었을까. 그림을 그리는 동안에는 가장 추운 날도 봄이었을 것이다.

"다들 잘 잤어?"

곧 아이와 똑같은 까치집을 머리에 얹은 남편이 나온다. 그에게도 오른에 데운 컵에 커피를 담아 건넸다. 모두 웃는 얼굴로 따뜻한 컵을 손에 쥐고 각자의 음료를 호호 불어 마셨다. 수증기의 곤한 감촉과 셔츠에 납작 밴 다리미 냄새, 이불 속을 막 빠져나온 사람들의 온순함. 집 안을 감도는 그 차분하고 편안한 대기로부터 알았다. 아, 겨울이 코앞이구나.

아이에게 햇살 묻은 티셔츠를 쏙 입히고 오곡차를 보온병에 담았다. 갓 구운 빵에 잼을 바르고 내 몫의 차를 우렸다. 마냥 옳은 따스함와 달콤함. 두 뺨이 행복으로 달아오른다.

가족의 순간에는 온기가 있어서, 서리가 내리는 계절에도 우리는 봄을 얻는다.

가장 아날로그한 마음으로

친정에 막 다녀온 참이다. 으레 그렇듯 오늘도 식구들 손에 보따리가 주렁주렁 달려 있다. 싸온 것들에게 제자리를 찾아주기 전, 거실 책상 위에 먼저 짐을 풀었다. 아빠가 넣어주신 비누, 엄마가 싸주신 반찬이며 과일들, 접시들. 이런저런 종잇조각들, 남편의 노트북, 아이의 전동차와 나의 책 몇 권이 사이좋게 뒤섞인다. 가만 보고 있자니 어쩜 하나하나가 꼭 오늘 우리 같은지 그만 웃음이 났다. 네모난 책상 위. 여기가 우리의 작은 세상인가 봐.

그렇게 물건들을 부려놓고 보니 그간 이런 책상 하나가 얼마나 간절했는지도 금세 떠올랐다. 이왕이면 나뭇결이 잘 보이고, 쓸어보면 따스한 기운이 전해지는 널찍한 놈이었으면 했다. 하지만 왜였을까. 머릿속에 책상과 아이를 나란히 그려보면 아이는 늘 실제보다 한참 작아 보였고 그 곁의 책상은 또 너무 커 보이는 탓에 아이가 좀 더 자라면, 자라면 하다 그 애가 아홉 살이 되도록 멀쩡한 책걸상 일습을 갖지 못하였다.

처음엔 뽀로로가 그려진 앉은뱅이 책상이 우리의 세상이었다. 연필을 혼자 쥐기엔 아이 손이 무르던 시절. 거기서 아이와 무언가를 그려나갈 때마다 완연한 세계 하나가 둥실 떠올랐다. 색연필 하나를 같이 잡고 차를 그리면 아이는 "이 차는 빗물을 먹는 차야" 했고, 토끼를 그리면 "얘는 네잎 클로버를 찾아요. 엄마 줄 거래요" 했다.

그 많은 종이 꾸러미들을 지금껏 끌어안고 산다. 간간이 들여다보며 그때 우리, 종이 위에서 왈츠를 췄구나 한다. 직선이든 곡선이든 내 맘대로 끌고 나갔다간 스텝이 엉키고 연필심이 부러질 것 같아 숨을 낮추던 날들. 안 그래도 그림엔 서툰 사람이라 땀도 비죽비죽 났지. 하지만 둘이서 좋은 마음으로 함께하는 순간에는 늘 그렇듯 견고하고 아늑한 기쁨이 어려 있었다.

아이가 말을 트기 전엔 그림을 그리며 종알대는 건 순전히 내 몫이었다. 이건 기차야, 이건 집이야. 그렇게 아이와 백지를 마주할 때마다 그동안 당연히 안다고 착각했던 것들, 이를테면 사랑이나 시간 같은 것들을 풀어낼 재간이 내게 없음을 무참히 깨닫곤 했다. 동시에 레이먼드 카버의 소설 《대성당》이 떠올랐다. 맹인 손님에게 대성당의 생김을 설명해야 했던 주인공의 심정이 꼭 이렇지 않았을까? 그 역시 암만 애를 써도 대성당의 웅장함을 말로 다 설명할 수는 없었다.

마침내 주인공은 맹인과 손을 포개어 종이 위에 대성당을 함께 그려나간다. 이윽고 그들은 낱낱이 흩어지는 각자의 언어가 아닌 공명하는 마음으로 '진짜 대단한' 일을 해낸다. 손을 잡고, 한마음으로, 타인과 같은 풍경에 닿아가는 일.

아이와의 날들이 내겐 그랬다. 아이와의 시간은 하염없이 아이 손을 잡고 사는 시간이었다. 태어난 아기의 손가락을 세어보고, 그 고사리손을 보드라운 천으로 살살 감싸주던 날부터 시작된 일. 조그만 아이 손에 습자지처럼 얇은 손톱이 있고, 그 꼭대기에 가늘고 흰 초승달이 돋는 걸 보며 무시로 감격하는 일. 꽃에서 꽃내음이 나듯 아이에게도 그만의 향기가 있다는 것, 특히 아이 손에선 밤잼이나 롤빵의 고숩고 달콤한 향이 난다는 것도 내겐 퍽 신기한 일이었다.

몇 해간 그 달달한 손을 잡고 걷고, 뛰고, 기도하고, 책을 읽고, 밥을 먹고, 화초에 물을 주고, 옷을 입히고, 신을 신기고, 씻기고, 상을 차리고, 집 안을 정돈했다. 손품, 마음 품 공히 드는 모든 일. 그러니까 가장 아날로그한 마음으로 하는 가장 아날로그한 행위들을 우리는 매일 함께했다. 둘이서 한 호흡으로 작은 일이라도 해내면 무슨 대단한 작품을 만들어낸 것마냥 어깨를 으쓱였다. 아이 손을 잡고 한 숟갈, 또 한 숟갈, 그렇게 밥 한 그릇을 다 먹였던 날에는 너무 기뻐 막 울면서 환호를 했더란다.

어쩌면 더 먼 옛날부터였을지도 모른다. 만약 마음의 손도 손이라면, 우리는 탯줄로 연결된 날부터 아니 어쩌면 이 세상이 열리던 날로부터 줄곧 손을 잡고 살아왔는지도 모르겠다. 그러다 문득 내 손을 생각했다. 세상에 나와 이 손으로 한 일이 얼마나 많았는지. 밥을 먹고, 글도 썼으며, 꽃을 심고, 걸레질도 했을 손이었다. 그러나 생명 하나를 다독여 키우는 일보다 기특한 일을 내 손이 해본 기억은 없었다. 손이라곤 오로지 내 손밖에 모르던 내가 어쩜 꼬박 십 년을 타인 손을 잡고 살았는지. 장한 마음이 왈큰 스쳤다.

며칠 전 소슬한 기운에 약을 먹고 누웠는데 이불속으로 따스한 감촉이 느껴졌다. 아이였다. 아이는 내 이마를 쓸어보고 팔 베라는 시늉을 하더니 곧 손을 잡아왔다. 아서라 감기 옮는다, 하니 강아지 눈이 돼서는 그래도 손잡고 있을래 한다. 그러고 보면 내 찬 손과 아이의 따뜻한 손은 궁합이 좋아 어느 계절에나 우리는 손을 잡고 있었다. 순간 아차 싶었다. 손은 맞잡는 건데, 그동안 나는 왜 '나만' 아이 손을 잡아줬다고 생각했지?

아이도 내 손을 잡고 있었는데. 지금껏 나 흔들리지 말라고, 지금도 충분하다고 도닥여준 게 이 작은 손이었구나. 쓰리던 마음이 어느새 성해져 있곤 하던 것도 아이가 그 여린 손이 닳도록 나를 어루만져준 덕이었다. 아가, 너도 나를 보듬느라 무진 애를 썼구나.

다시 눈을 감자 한겨울 눈밭에서 서로를 꼭 끌어안고 있던 우리 셋이 보였다. 잠에 빠져들며 생각했다. 맞아, 가족이란 체온을 기꺼이 나눠주는 사람들이야. 마음속에서 따뜻한 무언가가 툭, 터지며 물결처럼 느리게 번져올랐다.

오늘은 아이의 열 번째 생일이다. 이제 우리 집엔 의젓한 원목 책상과 목단꽃만 한 손을 가진 소년이 있다. 이 고운 손으로 사랑만 베풀며 살길, 누구도 다치게 하는 일 없길. 미역국에 밥을 잘 먹고 따뜻해진 아이 손을 잡고 그렇게 기도했다. 아이를 학교에 보내고 식기를 싹 헹구고서야 십 년간 엄마 손으로 쓰인 내 손과도 눈이 맞는다. 얼른 뜨뜻한 스팀 타올 두 장을 만들어 손을 감쌌다. 한 김 내고는 향 좋은 크림을 바르고 손톱을 단정히 다듬었다. 아이를 낳곤 무엇도 칠해본 적 없는 내 맨송한 손톱이 오늘따라 참 예뻐 보였다.

그만으로도 기분이 좋아져 꽃집에 날아가듯 다녀왔다. 겨우내 거실 책상 위를 호령하던 노트북을 치우고 보송한 리넨 보를 잘 다려 깔았다. 수선화 넘실대는 꽃병을 올리고 거기 앉아 뜰에서 불어오는 봄 내음을 마시며 생각했다. 새봄엔 어디나 사랑이 가득하고, 누구도 서로를 해할 수 없으며 모두가 평온할 거라고. 한들한들 책상 위에 내려앉은 봄기운처럼 마음이 맑게 빛났다.

만약 마음의 손도 손이라면,
우리는 탯줄로 연결된 날부터
아니 어쩌면 이 세상이 열리던 날로부터
줄곧 손을 잡고 살아왔는지도 모르겠다.

손이라곤 오로지 내 손밖에 모르던 내가
어쩜 꼬박 십 년을 타인 손을 잡고 살았는지.
장한 마음이 왈큰 스쳤다.

사소하지만 명백한 정성

겨울이 좋은 이유를 대라면 당장 서른 가지도 읊을 수 있겠지만 가장 큰 이유는 아마 '따뜻해서'일 것이다. 북풍을 몰고 온 겨울 자신은 모른 척 시치미를 떼도 사실 겨울은 우리에게 따뜻하게 지내라고, 조금 게을러도 괜찮다고 말하는 친절한 계절 아닌가. 지난 계절 산으로, 들로 다니던 우리를 마침내 집 안으로 들여보내고 턱 밑까지 도톰한 이불을 덮어주는 포근함이 겨울 안엔 숨어 있다.

이런 내 의견에 겨울이 끝내 동의하지 않는다면, 나는 그에게 칼 라르손의 그림(236-237쪽)을 보여주리라. 이 북유럽 화가가 그린 겨울 실내가 어찌나 아늑하게 생동하는지 나는 입춘부터 그 그림들을 보며 겨울을 그리워할 정도니까. 요즘은 특히 화가의 여덟 자녀 중 책 읽는 소년, 에스뵈른의 초상에 눈길이 자주 머문다. '집순이'의 로망인 큼직한 안락의자와 벽난로도 그렇지만 겨울의 집에서 책을 읽는 까까머리 소년의 모습에는 나도 모르게 미소가 떠오르는 것이다.

아이와 내가 책을 가장 많이 읽는 계절도 겨울이다. 활동적인 아이의 독서는 겨울에 집중되기 마련인데 사철 없이 책 속에 콕 박혀 사는 아이였던 내겐 그게 또 그리 신선했다. 와아 멋지다, 철 있는 독서라니! 그렇게 아이의 독서 패턴을 알게 된 후론 나 역시 겨울잠을 준비하는 곰처럼 가을부터 나름의 월동 채비를 한다. 보드라운 실내복과 보송한 양말, 머리맡에 두고 틈틈이 마실 순한 차를 구비하고 아이와 내가 동시에 많이 웃을 책들도 찬찬 모아둔다. 아, 보일러와 솜이불을 살피는 것도 잊지 않아야지. 그리고 가장 중요한 것. 편안하고 즐겁게 책을 읽어주고자 하는 '마음'도 새삼 꺼내어 쓰다듬어본다.

아이가 읽고 싶은 책이 생각났다며 연이어 책을 빼오는 날도 주로 겨울에 많았다. 이런 날은 루틴도, 숙제도 미뤄둔다. 괜히 다른 활동을 하자며 아이를 충동하지도 않는다. 한껏 편안한 차림으로 이 방 저 방 돌며 아이가 빼오는 책을 읽어줄 뿐. 흔치 않아 귀한 날. 나 역시 집 안을 매만지던 손길을 모두 멈춘다. 가스 불을 끄고, 창문을 걸고, 노트북과 휴대전화를 치우고. 연말의 소란에서 벗어나 갈 수 있는 곳과 하고 싶은 모든 일을 잠시 물리치고 아이에게 책을 읽어주는 것. 차가운 계절에만 분명히 느낄 수 있는 투명한 온기를 붙잡아 아이 손바닥 위에 놓아주는 것. 그것이야말로 이 겨울 내가 아이에게 줄 수 있는 가장 사소하지만 명백한 정성이 아닐까, 해서.

그렇대도 겨울 하루는 대개 너무하다 싶을 만큼 길었다. 난장판인 집 안에, 세수도 안 한 우리는 또 얼마나 꼬질꼬질했는지. 하지만 놀랍게도 아이와 함께하는 겨울의 집에선 따스한 풍경이 끊임없이 만들어졌다. 예를 들면 따끈한 바닥에 누워 끝말잇기 하기, 김 퐁퐁 오르는 물에 과일청 휘휘 저어 서로에게 건네기, 신나는 캐럴 틀고 정신없이 춤추기, 눈 쓸고 뛰어 들어와 이불 속에 쏙 파묻히기, 아이를 재우다 문득 고개를 들었을 때 창밖에 홀연 날리는 하얀 눈. 귤이나 군고구마 같은 간식거리를 안고 귀가한 남편의 차가운 손을 잡고 코트 깃에 묻은 알싸한 겨울 냄새를 맡는 것은 내가 꼽는 가장 로맨틱한 장면이기도 하다.

그렇게 심심하고 고단한 몇 번의 겨울이 오고 또 갔다. 고맙게도 그런 겨울이 지나면 아이는 눈에 띄게 자라 있었다. 혹독한 계절을 견뎌낸 겨울눈처럼 겉도, 속도 단단하니 기특했다. 어쩌면 아이는 자연의 순리를 따르기에 순수한 존재인지도 몰랐다. 화창한 봄, 가을이면 밖으로 뛰쳐나가고 무더운 여름이면 마냥 달뜬다. 그러다 겨울이면 조금 한적해진다. 숲 곁에 살며 본 겨울의 본성이 마침 그랬다. 고요한 휴식기. 농부들은 수확을 마치고 논밭은 홀가분하다. 동물들은 겨울잠을 자고 물마저 모두 얼어 잠잠하다.

종일 잠옷 차림으로 아이와 끌어안고 보내는 이런 느른한 겨울이 내게 몇 번이나 더 허락될는지. 헤아려보며 나는 올겨울도 울 양말과 유자차를 챙기고 식구들에게 두루 좋을 책을 잔뜩 들일 예정이다. 모두의 건투를 빈다.

그리고.

새봄엔 이런 일이 있었다. 아침 기도를 마치고 마당을 휘 돌아오니 글쎄 자는 줄 알았던 아이가 곁에 와 앉는 게 아닌가. 《찰리와 초콜릿 공장》. 내게 너무나도 익숙한 그 책을 들고 졸린 눈을 부비며 말하길,

"엄마 나는 책 읽는 게 좋아요. 그림 없는 책을 읽어도 머릿속에 그림이 그려지는 게 정말 재밌어. 그렇다면 나는 어디든 갈 수 있고, 누구든 만날 수 있겠네? 나에게 책을 알려줘서 고마워요."

느릿느릿 졸음 묻은 아침 목소리에 책 뒤에 숨어 조금 울었다. 내 나름의 열심이 헛되진 않았구나, 싶어서. 이제 와 하는

얘기지만 활동적인 아이에게 책을 알려주는 건 결코 쉽지 않았다. 빠른 길도, 왕도도 만무했다. 게다가 나는 어느 한편 무척 둔해서 아이의 다독이나 독후 활동에는 통 관심이 없었다. 우리는 도서관에도 가지 않았다.

다만 이런 장면을 꿈꿨을 터다. 이렇게 말끔한 봄날, 아이와 나란히 앉아 각자 좋아하는 책을 펴고 달게 읽는 것. 책 속에 빠져 있다 잠시 고개를 돌려보면 내 곁에 어린 날 내가 즐겨 읽던 책을 읽는 아이가 있는 것. 마침내 세상에서 가장 사랑스런 독서 동지가 생겼다는 생각에 가슴이 마구 떨려왔다. 아, 나 저 페이지 뒤에 뭐가 나오는지 다 아는데. '스포'하고 싶어 간질대는 마음을 꾹 참아보다가.

문득 그림 하나가 떠올랐다. 파릇한 계절, 벤치에 앉아 책을 읽는 모자의 정경이다. 그건 내가 웅크리고 보낸 겨울마다 까까머리 에스뵈른의 초상과 겹쳐두고 보던 칼 라르손의 그림이었다. 집에서 책을 읽으며 복닥대던 겨울 소년이 이렇게 듬직한 봄 청년으로 자란 거야. 그림 두 장을 맘대로 연결해보며 겨울을 버틸 힘을 얻곤 하던.

눈부신 봄날. 오후엔 아이와 벤치로 나가 책을 읽을까 한다. 아이의 찰리는 지금 초콜릿 공장에서 무얼 하고 있을까? 잠시 뒤 우린 더 많은 이야기를 나눌 수 있을 것이다.

우리의 장르는 수필

아이와의 취향 교집합이 퍽 다보록해진 요즘에도 타협이 어려운 두 가지가 있다. 일단 빵 취향이 그렇다. 정답게 빵집에 들어선 우리 모자는 쟁반을 들기 무섭게 각자의 빵(나는 포근한 마들렌을, 아이는 딱딱한 시골 빵)을 집기 바쁘다. 책 취향도 그렇다. 아이는 내가 안고 살던 전래동화에는 신기할 정도로 열의가 적다. '옛날 어느 나라'가 아닌 지금 옆집에서 일어날 법한 현실적인 이야기를 더욱 찾는다. 심술궂은 마법사나 못된 새엄마 없이 그저 순박한 이야기들. 빵집에서 빵이 그랬듯, 서점에서도 나라면 지나쳤을 법한 책들만이 아이 바구니에 척, 들어가 앉아 있었다.

《내 이름은 패딩턴》이 있어 다행이지 싶은 날은 그러므로 이런 날이다. 낮이 길고 날은 궂은데, 아이와 내가 바라보는 방향이 달라 포옥 한숨만 나오는 날. 그러다 털레털레 일어난 아이가 틀림없이 《내 이름은 패딩턴》을 뽑아오는 날. 작은 책 한권에 엄마와 아이의 마음이 환하게 포개지는, 그런 날.

《내 이름은 패딩턴》은 페루에서 런던으로 건너와 사람 가족과 살게 된 꼬마 곰의 이야기다. 면면이 사랑스러운 이 책에서 내가 특히 좋아하는 건 브라운 가족이 패딩턴을 대하는 방식이다. 그들은 패딩턴이 말썽을 피우거나 고집을 부려도 패딩턴을 타박하지 않는다. 대신 패딩턴이 마주친 새로운 가정과 도시, 그 안에서의 삶에 대해 친절히 알려준다. 그러면서도 패딩턴이 창피해하거나 상처받지 않을까 마음을 쓰는 다감한 사람들. 이들이 그리는 온화한 장면들을 하나씩 넘기다 보면 어느새 아이도, 나도 패딩턴과 함께 따뜻한 찻잔을 쥐고 안락의자에 파묻힌 듯한 기분이 들곤 한다. 더불어 예의와 선량함의 가치를 새겨주고 세상을 따뜻하게 바라보는 시각을 알려주는 좋은 어른이 되고 싶다는 마음도 몽글몽글 피어난다.

어린 시절 내가 아는 최고의 즐거움은 단연 책에서 오는 즐거움이었다. 그러나 책 속 인물과 나 사이의 막이 너무 얇았던 탓일까? 나는 《콩쥐팥쥐》나 《헨젤과 그레텔》을 웃으며 읽을 수 없는 아이였다. 아이들은 아이인 자체로 사랑받아 마땅한

데, 동화 속 주인공들은 아이라는 이유로 미움받기 일쑤였다. 그들이 곤경에 처할 때마다 가슴이 쿵쿵거려 자꾸만 이불을 끌어안아야 했던 어린 밤들이 내겐 너무 많았다.

그 생각이 들 때마다 아이의 책 취향이 점점 고마워진다. 아이가 책을 통해 자신을 이입해온 대상들이 구박 아닌 사랑을 받았다는 사실이 새삼 고맙다. 아이는 아직 어리다. 그렇기에 생기는 틈을 이해해주는 다정한 그 책들에 거듭거듭 고마운 마음을 품게 된다. 돌아보면 아이라서 사랑받을 때 나는 가장 행복했다. 아이니까 서툴고 미숙할 수 있음을 인정받는 것. 무엇을 잘해서, 어른들 눈에 고운 짓을 해서가 아니라 그저 나란 아이가 여기 있다는 이유만으로 귀하게 여겨질 때의 근사한 기분. 패딩턴을 읽을 때면 내가 아이로서 사랑받던 날의 달콤함이 떠오른다. 그러므로 기분 좋게 잠들고 싶은 날 나는 평소보다 부드러운 목소리로 《내 이름은 패딩턴》을 읽어준다. 아이에게, 그리고 나에게. 사랑받는 꼬마 곰처럼 마음껏 장난을 치고 응석도 부려보는 단꿈을 꾸길 바라며.

아이는 오늘 시계 하나를 철저히 분해했다. 달강달강 노래를 부르고 마음껏 웃었으며 공을 뻥뻥 찼다. 나는 냉큼 손가락 하나를 들어 올려 "쉿, 조용히!"라 말했지만, 진짜 속마음은 이랬다. '잘했어. 오늘 너는 정말 너답고 한껏 아이다웠어. 그러니

잘한 거야. 내일이면 너는 그런 것들로부터 또 한 발 찬란히 멀어질 테니.'

아이의 아이다움과 고유성에 대해 생각하다 이윽고 떠오른 것은 생텍쥐페리의 글이다.

자던 아이가 몸을 돌렸고, 야등 아래로 그 얼굴이 보였다. 아! 얼마나 사랑스러운 얼굴인지! (…) 나는 그 매끄러운 이마 위로, 살며시 비죽거리는 입술 위로 몸을 수그린 채 생각한다. 음악가의 얼굴이로구나. 어린 모차르트로구나. 생명이 해준 아름다운 약속이 여기에 있구나. 전설에 나오는 어린 왕자들도 이 아이와 전혀 다를 바 없었다. 주위에서 잘 보살피고, 교양을 가르치면, 어떤 사람인들 되지 못할까! 접목을 통해 새로운 품종의 장미가 태어나면 정원사들은 감동한다. 그 장미가 잘 자라나도록 특별대우를 한다. 하지만 사람을 돌보는 정원사란 없다. 어린 모차르트에게는 다른 이들과 마찬가지로 금형 틀 문양이 찍힐 것이다.

— 생텍쥐페리, 《인간의 대지》

생텍쥐페리를 배우던 날의 감탄을 어떻게 설명할 수 있을까. 《어린 왕자》만 해도 그렇다. 세상에서 가장 유명한 동화지만 기실 동화일 수만은 없고, 소설도, 편지도, 수기도 아닌, 어떤 장르로도 묶일 수 없는 고유한 무언가. 작가는 어떻게 이런 글을 쓸 수 있었을까? 의문은 그가 비행사이던 시절에 쓴 전작들을 접하고서야 풀렸다. 정말로 밤하늘을 날며 별을 본 사람만이, 우물을 찾아 사막을 건너본 사람만이 이런 글을 쓸 수 있는 거로구나, 했다.

그러므로 생텍쥐페리의 작품에는 장르라는 잣대를 대기가 어렵다. 그의 글들은 그가 딛고 선 시대와 상황을 철저히 관통하며 자아낸 그만의 서사, 그러니까 '그'라는 장르 그 자체였다. 돌이켜 생각했다. 삶이란 개개인이 써 내려가는 자기 자신만의 장르이며, 한 사람 한 사람은 그 작품들을 품은 유일무이한 도서관인지도 모른다고. 우리가 세상의 금형 틀에 찍혀버리기 전, 조물주께선 이미 천상의 솜씨로 우리 안에 서로 다른 모차르트를 심어두셨음을 잊지 말자고.

어린 왕자의 장미가 그렇듯 마당의 꽃은 '꽃들'이 아닌 '그 꽃'일 때 비로소 아름답다. 흠이 있어도, 조금 늦되어도 자기 자신으로 피어나기에 당당하다. 얻어다 심은 것, 피다 만 것, 심은 사실조차 잊었는데 방실방실 피어난 것 등 저마다의 속도와 서사가 다양하니 사랑스럽지 않은 것이 없다. 각자 됨. 그 자체로 눈물겹게 아름다운 여기, 우리처럼.

내게서 나온 이 아이 역시 나와 다르게 지어진 존재임을 안다. 그렇게 각각의 장르인 우리가 서로의 다름에 너무 애 닳지 말고 다만 '같은 방향을 바라보며' 사랑하기를. 마치 저 깊은 곳에서 하나의 물줄기로 연결된 두 연못처럼, 따로 또 같이. 서로의 생태계를 이해하고 존중하며 오래오래 화목하기를.

만약 나의 육아에도 장르가 있다면, 그리고 아이와 나의 합보다 큰 '우리'라는 장르가 따로 있다면, 그 장르는 진실되고 아름다운 수필이었으면 좋겠다. 창밖은 가없는 봄, 수필 같은 신록이 한창이다.

우리의 육아가 거대한 서사일 필요는 없다.
그저 잔잔한 수필 같은 것이면 좋겠다.
우리의 길에는 화려한 범선이나 금은보화 대신
맑은 샘물과 순한 사슴이 있었으면 좋겠다.
걸음걸음, 어느 오후 산책처럼 호젓하기를.
다만 서로의 손을 잡고 걷는 다정한 길이기를.

오늘이 그리는 기적

와! 셰익스피어라니! 드디어 셰익스피어였다. 몇 학기 전부터 설레며 그의 이름이 또박또박 새긴 책을 새가 알을 품듯 품고 다니던 참이었다. 멋 모르던 십 대 시절부터 셰익스피어 전문가가 되고 싶다는 꿈을 덜컥 꿔왔으니, 이 수업은 내게 꿈과 현실이 뒤섞인 다른 차원의 세계인 것도 같았다. 셰익스피어와 나 사이 멀고 먼 시공의 네 귀를 차곡차곡 접다 보니 지금 여기, 라는 그 알뜰한 느낌마저 감격이었다. 영국엔 셰익스피어 전문학교도 있다던데, 마음은 이미 그곳이었다. 활자에도 무게가 있다는 것 또한 그때 알았다. 그게 아니라면 저 납작한 종이 뭉치를 보기만 해도 터질 듯 배가 부르고 어깨가 뻐근하던 증상을 어찌 설명할 수 있을까.

그러나 그런 실감이 오래가지는 못했다. 요즘 영어와 하나도 닮지 않은 중세 영어는 너무 어려웠고 세상 쓸모없어 보였다. 실망이랄까, 낙담이랄까. 꿈덩이 하나가 통째로 사라져버린 암담함이랄까. 학기 내내 흐엉흐엉 울기나 하며 깨작깨작 책장을 넘겼다. 그렇게 죽죽 울며 낯선 말들을 주워섬기던 시험 전야. 아빠가 방문을 두드리신 건 그 밤의 별이 남김없이 사라진 뒤였다.

"많이 어렵니?"

고개만 겨우 끄덕.

"교복 입은 네가 생각난다. 빨리 이런 걸 배우고 싶다고 맨날 노래를 불렀지. 그러니 얼마나 좋으냐, 지금. 그토록 꿈꾸던 순간을 살고 있는데."

시험을 어떻게 치렀는지는 까맣게 잊었다. 하지만 그 다독임에 기대 학기를 버텼다는 건 알겠다. 그해는 단풍을 본 기억조차 없다. 걷다 고개를 들어 본 교정에는 어느덧 눈이 나리고 있었다.

그렇게 셰익스피어에 대한 나의 꿈은 미수로 그쳤다. 이제는 셰익스피어보다 요리책과 그림책에 더욱 가까운 사람이 되었다, 나는. 그러나 영 잊지는 못하고 그의 책들을 여기저기 두고는 산다. 버드나무 그림자처럼 휘엉대다 사라진 나의 꿈과 이따금 눈 맞추며 살 수 있음에 감사하며. 좋은 시간에 조금씩 열어보고자.

그리하여 올겨울엔 햄릿이었다. 그러는 통에 생각하기를 나는 왜 그리 겁이 많았을까, 왜 그토록 쉽게 주저앉아 버렸을까. 한숨을 몇 번 내쉬는 사이 글쎄, 봄이 와 있었다. 아이와 꽃과 잎새들을 원 없이 만지고 노는 날들이 활짝 열린 것이다.

5월이면 동네 한 바퀴만 돌아도 부자가 된다. 산책을 나서면 찔레꽃, 산딸나무꽃, 버찌와 딸기 등을 한 아름 안고 들어올 수 있는 계절이니 말이다. 오늘은 조롱조롱 핀 싸리꽃 아래 그보다 뽀얗게 웃는 아이를 세워두고 사진을 찍는데 왜인지 그 모습이 낯설지 않다. 걸음걸음 맺혀오는 이 기시감이 뭘까 뭘까 하다 마침내 기억해냈다.

연유 빛 스웨터를 입은 아이와 쪽배처럼 봄 길을 걷고 싶다.
함께 소네트를 읽어보는 것도 좋겠지.

일기에 써넣던 스물둘의 봄을. 그때부터였을까? 아직 세상에 있지도 않던 한 아이를, 이후로도 한참 뒤에나 만나질 이 아이를 마음속에 알근알근 그려봤던 건.

서성임을 이만 멎고 한달음에 집으로 돌아왔다. 책장 한 귀퉁이에서 책을 내어 오랫동안 마음에 재워둔 소네트 한 자락을 아이에게 읽어줬다. 종일 병아리처럼 삐악대던 녀석도 쫑긋,

토끼처럼 귀를 기울인다.

그대를 내 여름날에 비할까요?
그대는 그보다 더 사랑스럽고 온유합니다.
거친 바람이 오월의 사랑스러운 꽃망울 흔드는
여름 한철 너무나 짧습니다.
(…)
허나 장차 영원한 시행 속에서 그대 시간의 일부가 될 때
그대 그 영원한 여름 시들지 않고
그대 그 아름다움 잃지 않을 것이요,
죽음도 그대 제 그늘 속 헤맨다고 뻐기지 못할 것입니다.
사람이 숨 쉬고 눈이 볼 수 있는 한 오래도록
이 시 살아서 그대에게 생명 줄 것입니다.

— 윌리엄 셰익스피어, 《소네트집》

낡은 책, 그리고 곱게 풀어진 석양과 내 무릎을 벤 아이의 동그란 얼굴 위로 오래전 셰익스피어의 날들이 뭉게뭉게 겹쳐온다. 울며 지샌 밤들과 수업이나 잘 들을걸! 통탄하던 무수한 아침들. 그럼에도 좋았다, 고 여기 적힌다. 책상에 턱을 괴고 앉아 이런 날—내 아이에게 소네트를 읽어주는—을 꿈꾸던 낮이 더 많았으니. 손에 쥔 게 고작 꿈꾸는 재주뿐인 사람에게 그보다

더 큰 행복은 아마 없었을 테니.

　최근 나의 꿈은 이랬다. 아이가 건강하게만 태어나줬으면, 통잠 좀 자줬으면, 기저귀 좀 떼줬으면, 떼쓰지 않고 말해줬으면, 씩씩하게 유치원에 가줬으면. 이런 것들에 온 마음을 간절히 걸고 또 걸던 하루, 하루들.

　아이와 조붓이 앉아 식사다운 식사를 하는 게 꿈이던 시절이 또 한참이었다. 그러나 지나 보니 흘리고 뱉고 돌아다니던 그 시기가 꿈이었다. 이제는 기억에서만 만날 수 있는, 돌아보니 참 고운 꿈.

　저녁엔 뚜걱뚜걱 우엉 밥을 짓고 달래 간장을 재웠다. 봄이라고 이런 메뉴를 생각해내는 내가 어쩐지 기특했다. 옆에 단정히 앉아 야물게 숟가락을 놀리는 아이를 보니 그런 생각도 들었다. 지금이, 오늘이 바로 기적이구나. 조각 잠 아닌 한잠을 자고, 아이가 콧노래 부르며 학교에 가고, 식구들 모두 자기 자리에 앉아 도란도란 웃으며 밥을 먹는. 한때 너무도 간절하던 일들이 매 순간 아무렇지도 않게 벌어지는 지금이야말로 어느 날 나의 꿈들이 기적처럼 이루어진 순간이라고.

　어쩌면 종일이 꿈인가도 한다. 언젠가 상상 속에 살그머니 그려나보던 사람들이 지금 내 곁에 있다는 것. 이제는 매일 보는 얼굴이 된 그들과 매일 새로운 사랑에 빠진다는 것. 그 사랑이 날로 불어난다는 것. 아마도 생시가 꾸는 가장 복스러운 꿈.

봄밤이 여름으로 깊어간다. 어깨에 닿아오는 숨이 일순 곤하기에 이불을 매만져주는데 아이가 반짝 몸을 돌려 말한다.

"엄마, 아까 쉐이크피어 좋았어. 내일 또 읽어요. 안녕."

잊을 만하면 들어서는 낯익은 꿈처럼, 평온하게.

매일 꿈을 이루며 산다. 지금 꾸는 꿈도 계절이 지나는 새에 다 이루어질 터다.

숲에서 우리는

언제부터였을까. 아마 아이 두 돌쯤이 아니었을까. 몇 날째 나는 표정 없는 아파트 숲속에 정교하게 지어진 좁은 섬. 놀이터 안에서 주변 건물들이 헐리는 소리를 들으며 '서울을 벗어나고 싶다'는 생각을 꾹꾹 눌러 접고 있었다. 오래 살아온 곳. 코 닿을 곳에 맛집이며 멋집, 온갖 편의 시설이 모여 있는 곳. 심지어 '사교육 1번지'라며 아이 키우기마저 좋다는 그 동네에서 잘 지내고 있다는 생각과는 별개로 속에서는 알 수 없는 동심원 하나가 자꾸만 퍼져나가고 있었다.

구경이나 해볼 요량으로 이 집을 찾았다. 서울과 가깝지만, 사위가 산으로 둘러져 외딴 동네 같은 느낌이 들었다. 아담한 거실과 마당은 세 식구 단출한 살림을 꾸리기 적당해 보였다.

끄덕끄덕 하나씩 돌아보다 마지막으로 들른 곳은 부엌이었다.

"이 집에서 제일은요."

그때까지 빙긋 웃고만 계시던 안주인 아주머니가 살며시 다가선다.

"숲이에요. 보세요, 이 앞이 다 숲이랍니다."

마침내 그가 자랑스레 창문을 열자 맑은 바람과 새소리가 기다렸다는 듯 달음질해온다. 눈앞에 일렁이는 건 놀랍게도 전부 숲. 눈부신 5월의 숲이었다. 우리는 이곳으로 이사했다. 아이 네 돌이 조금 지나서였다.

볕이 느슨해질 무렵 숲에 드는 일은 곧 우리의 일과로 스며들었다. 주로 숲 입구에 총총 마실 가듯 다녔지만, 그래도 좋았다.

"엄마! 여기 자벌레! 꼭 무지개 링 같다. 몸을 움츠렸다 펴면서 앞으로 나가네. 조그만데 씩씩해."

숲에서 아이는 아다지오로 걸으며 몰랐던 존재들과 인사하고 낯선 아름다움을 하나씩 발견했다. 작고 낮은 것에 더 자주 시선을 맞추며 다디단 공기 맛과 목적 없이 걷는 즐거움도 생각보다 금세 알아차렸다.

그 곁에서 나는, 데이비드 호크니 생각을 자주 했다. 맞다. 그는 화가다. 현재 살아 있는 화가 중 가장 비싼 그림을 그린, 아주아주 유명한 화가. 우중충한 영국 요크셔의 숲에서 나고 자란 호크니는 이십 대에 미국 서부의 빛나는 날씨와 호화로운 생활에 매료되었다. 그리고 그곳에 정착하며 〈예술가의 초상〉, 〈더 큰 첨벙〉 등 세기의 걸작들을 쏟아낸다. 그가 세상의 온갖 화려함과 새로움을 작정한 듯 발견해나가던 시기였다. 세월이 흘러 초로에 접어든 호크니는 그 모든 번쩍임을 뒤로한 채 우중충한 고향 숲으로 회귀한다. 이제 그는 새로운 시각으로 자신이 잘 아는 곳을 그려낼 참이었다. 소년 시절 그대로, 어둡고 정다운 요크셔 숲을(239쪽).

숲을 걸으며 내겐 그런 공간이 없다는 걸 아연히 깨우쳤다. 내가 아는 곳은 빠르게 바뀌고 사라져갈 뿐이었다. 작별 인사도 못다 한 골목들, 상점들, 아파트들. 다시는 찾아갈 수 없는 곳과 볼 수 없는 장면이 함부로 늘어가는 것. 그 앞에서 나는 하필 그런 데다 정을 들인 자신을 꾸중할 뿐 아무런 힘이 없었다.

그런데 숲은 좀 달라 보였다. 지긋한 연식으로 보나 의젓한 품새로 보나 누구에게도 그런 무례는 범치 않을 것만 같았다. 단 한 번도 낯선 얼굴을 보인 적 없는 곳. 숲에 들어설 때면 오랜 후에라도 이 모습 그대로 우리를 맞아줄 거란 안심이 들었다.

"있잖아. 나-중에 네가 할아버지가 되어도 숲을 보거나 숲 냄새를 맡으면 마음이 좋을 거야. 아무리 슬픈 날에도 말이야. 누가 그랬는데, 고향이 그런 곳이래. 언제 떠올려도 마음이 좋은 곳. 어쩌면 여기가 우리 고향인지도 몰라."

아이에게 말했다. 찬찬히 눈 맞추고 오래도록 발 딛으며 동무 맺은 숲이라면 정말 그럴지도 모른다고.

종일 에너지를 뿜으며 놀던 아이도 숲에서는 조용히 걷는다. 그땐 나도 입을 다문다. 사색가 아닌 산책자는 있어도 산책자 아닌 사색가는 없다던가. 숲에서 우리는 나무와 나무 사이를 그저 걸을 뿐이다. 그렇게 긴 숨을 쉬며 본 것들, 걷다 나온 생각들이 아이의 교양과 지식이 되고 그림과 노래가 되는 것을 몇 해 동안 즐겁게 지켜보았다.

숲은 지금 가을이다. 만질만질 보석 같은 햇도토리를 줍는 아이 얼굴이 능금처럼 발갛게 달아오르는 계절. 경쟁자도 없는데 그토록 열심인 아이를 볼 때면 '채집'이란 말과 '본능'이란 말이 나란히 떠올랐다. 그러던 어느 날. 아이가 가만히 나를 부른다.

"엄마, 저기 다람쥐…"

아이는 다람쥐와 눈이 마주친 채 미동도 없다. 먼저 움직인 건 아이 쪽이었다. 머쓱한 얼굴로 주머니 가득 찔러 넣었던 도토리를 슬그머니 내려놓는다.

"다람쥐야, 이거 다 너 줄게. 맛있게 먹어."

이번엔 '선함'과 '공존'이란 말이 떠올라 하뭇 웃었네. 혼자서는 결코 숲을 이룰 수 없음을 아는 마음. 애써 모은 좋은 것을 나누고자 하는 소망. 이 역시 우리 안에 새겨진 본능임을 나는 숲의 아이를 통해 보곤 한다.

낯익은 숲에선 그런 일들이 자주 벌어졌다. 신경이 고요히 풀어져서인지 한두 번 가본 숲에서는 가져본 적 없는 감각들도 무르게 열린다. 낙엽 위로 토독 알밤이 듣는 소리, 포르릉 산새 날아오르는 소리도 또렷이 들린다. 작은 풀꽃도 선명하게 눈에 들어온다. 때문일까? 내리막을 따라 집으로 돌아오는 아이 걸음도 한결 신중해진다. 언젠가 이유를 물었더니 "내가 막 뛰어 내려가다 거미줄을 망가뜨리면 어떻게 해요." 한다. 그러면서 덧붙이길 "여긴 우리가 잘 아는 숲이잖아. 아무것도 다치면 안 돼요." 그때 어깨를 좍 펴 보이던 아이를 기억한다. 철든 소년처럼 그렇게 뿌듯해 보일 수가 없었다.

사실 숲에서 딱히 무얼 했다, 싶은 날은 그리 많지 않다. 마트나 갈걸, 놀이터나 갈걸, 하다 십 분도 안 되어 내려온 날이 더 많았다. 그런데도 아이는 숲에서의 시간을 돌이켜 모두 좋았노라 말한다. 하기야 나도 그랬다. 아이와 손잡고 숲을 걸을 때면 특유의 따습고 내밀한 기운에 가슴 언저리가 다 떨려오곤 했으니까. 어쩌면 그게 친밀함을 전하는 숲만의 방식인지도 모르겠다. 너무 고요해서 금세는 알 수 없으나 한참 후에 아아-

하고 문득 이해하는 것.

　문을 열고 성큼 열 발자국. 손가방에 보온병 하나 들고 나서면 그만인 곳. 그저 좋은 이웃처럼 언제나 속 깊고 친절한 곳. 아는 숲에 가을이 다해간다. 곧 천진한 어린 겨울이 스치듯 찾아들 것이다.

모퉁이 작은 서점

간만에 한국에 들른 프랑스인 친구가 책 한 권을 건넸다. 상
앗빛으로 곱게 바랜 《어린 왕자》의 프랑스어 판본이었다. 기쁜
마음에 염치 불고하고 덥석 받아 와락 책장을 넘기는데 어랏,
책장 사이에서 무언가 나폴나폴 떨어진다. 얼핏 가냘픈 나비처
럼 보이던 그것은 다름 아닌 영수증이었다.

"내가 좋아하는 서점에서 산 거야. 우리 동네에서 가장 오래
된 서점인데, 전 주인은 우리 할머니 친구셨고 그 딸인 현 주인
은 우리 엄마 친구야. 너한테 꼭 보여주고 싶은 곳이야. 프랑스
에 오면 놀러 와."

친구는 그렇게 말하며 영수증을 도로 책장 사이에 끼워주
었다.

아주 작은 서점이랬다. 오래됐지만 이름난 적 없고, 간판마저 잘 보이지 않아 동네 사람들만 찾는 그런 곳이라고. 책장엔 중고 책과 새로 들어온 책이 균일한 비율로 꽂혀 있고 오후엔 종종 '재즈'라는 이름의 멋진 개가 있다고도 들었다. 그러나 거기까지였다. 오래지 않아 영수증의 잉크가 바래며 서점의 이름과 주소도 함께 잃었다. 친구에게 묻거나 웹 검색을 하면 쉽게 해소될 일이었지만, 그쯤에서 페이지를 덮기로 했다. 어떤 것들은 그런 채로도 따스해서 그대로 내버려두는 편이 더 좋다. 가끔은, 그럴 때가 있다.

한때 '서점 주인'을 꿈꾸던 시절이 있었다. 내 취향의 책들로 촘촘한 공간. 난롯가 흔들의자에서 뜨개질하다 문에 달린 종이 울리면 푸근한 미소로 손님을 맞이하는 할머니가 되는 상상은 하면 할수록 달콤한 것이었다. 그래서인지 어딜 가나 서점을 눈여겨본다. 국내든 해외든 유명 관광지는 접어둔 채 동네 서점부터 찾는다. 자연스레 도시마다 특기할 만한 서점이 하나둘 생겨났다.

미국 포틀랜드에는 세상에서 가장 큰 빈티지 서점이 있다. 오래된 책에 목숨을 걸기도 하는 나로서는 가보지 않을 이유가 없었다. 그렇게 둥실한 마음을 안고 찾아간 그곳은, 컸다. 그러니까 무지무지 컸다. 그 안에서 나는 몇 번이나 길을 잃었다. 책을 찾다 잃고, 직원을 부르려다 잃고, 끝내는 내가 무엇을 찾는지조차 잃어버렸다. 마침내 녹초가 되어 당도한 계산대에선 화려한 굿즈를 집어 드느라 책 사는 즐거움을 잃었다. 허탈함과 고단함이 버석하게 담긴 종이봉투를 들고 거리로 나왔을 땐 해가 다 저물고 있었다.

그런가 하면 언젠가 아이와 들렀던 제주도의 어느 서점도 떠오른다. 이곳은 작은 서점이다. 한창 성업 중인 여느 독립 서점처럼 예쁜 인테리어와 아기자기한 팬시들이 가득하기로 유명했다. 동시에 버스조차 잘 닿지 않는 외딴 서점이기도 했다. 그런 서점에 곧잘 따라붙는 환상을 떨쳐내기가 어디 쉬운 일인가. 그러나 큰맘 먹고 찾은 그곳은 무늬만 동네 서점이었을 뿐 딱히 동네, 스럽진 않았다. 직원들은 아이를 보자마자 눈초리가 사나워졌다. 아이가 고개만 돌려도 "손대지 마라!" 윽박이다. 아이를 달고온 나를 팔짱을 끼고서 원망하듯 쳐다보던 그 눈빛에 죄인이 된 심정마저 들었다. 아이와 나는 물론 동행한 친정 엄마까지 얼어붙은 채 울상이었다.

서점 안팎을 거듭 둘러보고 누차 검색을 해봐도 노 키즈 존 사인은 없었다. 그러나 거기엔 '힙한 젊은이들만 오세요'라는 보이지 않는 선 같은 게 있었나 보다. 우린 눈치 없이 그 선을 넘은 사람들이었고. 좌불안석 허둥대다 아무 책이나 사서 도망치듯 그곳을 빠져나왔다. 햇볕이 작열하던 제주의 여름 한낮.

아무리 기다려도 버스는 오지 않았다.

그때 내가 할 수 있는 유일한 일은 '모퉁이 서점'을 떠올리는 것이었다. 영화 〈유브 갓 메일〉 속 그 따스하고 정다운 서점을 생각하면 힘이 날 거라고, 우는 아이에게 사탕 물리듯 간절한 심정으로 그렸다. 모퉁이 서점은 주인공 캐슬린이 엄마로부터 이어받아 운영하는 어린이 서점이다. 모녀를 닮아 구석구석 명랑하고 포근한 그곳을 떠올리자 이내 기분이 나아져서 씩씩하게 버스를 잡고 모르는 가게에서 처음 맛보는 우동을 맛있게 먹었던 기억이 난다.

영화를 다시 본 건 얼마 전이다. 아슬아슬한 로맨스에 가려져 있던 것들, 그러니까 모퉁이 서점이 갖는 특별한 의미와 그럼에도 서점이 문을 닫을 수밖에 없었던 이유도 처음처럼 다시 봤다. 이 모든 게 애꿎은 이메일 한 통이 아닌 대형 서점 '폭스 문고'의 등장으로부터 시작됐다는 것도.

캐슬린의 랜선 친구이자 폭스 문고 사장인 조 폭스는 최신 트랜드에 밝은 사람이다.

"흥. 모퉁이 서점? 사람들은 우릴 더 좋아할걸. 여긴 고급 커피와 푹신한 소파, 할인된 책들이 있거든"

과연 기업가다운 예측이며, 실로 그랬다. 폭스 문고가 문을 열자 동네 사람들은 그곳으로 몰려들었고 모퉁이 서점은 쓸쓸히 문을 닫는다.

서점 좋아하는 우리 가족은 달포에 두어 번, 백화점 대형 서점(이 동네 유일한 서점)을 찾는다. 나로서는 극도로 꺼리는 백화점 출입이건만 어쨌든 책, 책을 사야 하니까. 한숨 쉬며 백화점으로 들어서는 걸음걸음마다 캐슬린의 목소리가 들리는 것 같다.

"사람들은 폭스 문고를 기억 못 할 거야. 하지만 모퉁이 서점은 오랫동안 기억할 테지. 아주 특별하고 멋진 곳으로 말이야."

누군가의 기억에 특별하게 남는 것만큼 사랑스러운 일이 또 있을까. 그리고 그런 아득한 낭만을 오래도록 지켜온 마음이야말로 가볍게 풀어지지 않는 단단한 것이 아닐까?

황량한 주차장, 차가운 에스컬레이터, 서점 입구를 점령한 잡다한 문구류. 아이에게 서점이 딱 그만큼으로 남을까 겁이 났다. 내가 아는 동네 서점은 그렇지 않았는데. 주로 문제집과 잡지류를 팔던 작은 서점이었지만 멀리서도 그 투박한 간판이 눈에 들어오면 마음이 푹해지던 기억이 생생하다. 그 안엔 적당히 부지런한 사람들이 보통의 친절함으로 자연스럽게 피워낸 어떤 편안함이 있었을 것이다.

그런 공기를 오랜만에 느낀 건 뮌헨에서였다. 낮고 좁은 옛날식 목조 건물의 2층. 그저 지나치다 마주친 우연한 조우였다. 그런데 왜인지 꼭 처음이 아닌 듯 안온했다. 그 서점엔 멋진 가

구나 눈에 띄는 콘셉트도, 향 좋은 브랜드 커피도, 책이 아닌 물
건이나 사진을 찍는 사람도 없었다. 점원의 빼꼼한 인사 뒤론
시간이 다 멈춘 듯 정적이었다. 아아. 그리웠던 먼지 냄새, 오래
된 책의 고소하고 큼큼한 냄새. 삐걱대는 나무 층계를 하나씩
밟을 때마다 프랑스 친구의 서점이, 캐슬린의 모퉁이 서점이,
90년대 서울의 서점이 등불처럼 깜빡였다.

잠시 멈춰 이런 서점 같은 사람이 되고 싶다고 생각했다. 세
상이 빠르게 변하는 거야 어쩔 수 없지만, 우리의 분위기만큼은
변하지 않기를 소망했다. 그저 지금처럼 모두가 제자리에서 담
담히 할 일을 하고, 그러다 눈이 마주치면 웃고, 가끔 토라져도
서로에게 필요한 것들을 기쁘게 나누며 그렇게 따뜻한 채로.

그래, 여전함만 한 위안이 또 없는 시절이니까. 흡사 초등학
교 1학년 교실처럼 별스럽지 않은 실내에 반듯한 나무 걸상과
보리차 올린 석유난로가 있고, 적당히 친절한 주인이 손수 만
든 책갈피를 툭 끼워주며 '시험 잘 봐!' 심심한 응원을 얹어주는
곳. 언제 와도 길을 잃거나 눈치를 봐야 할 필요가 없는 솔직한
공간. 그리하여 아이가 가장 가난한 마음일 때 주저 없이 올 수
있는 그런 서점 같은 사람이 되어야겠다고 생각했다. 오랜만의
두근거림을 알아챈 듯, 창으로 깊숙이 들어온 오후 햇빛이 반
질반질한 나무 바닥을 뽀얗게 비추었다. 내다본 거리엔 여름이
한창이었다.

p.s.

최근 프랑스에서는 코로나 19로 경영난에 빠진 동네 서점들을 위한 모금 및 각종 캠페인이 진행 중이라 한다. 그 수혜가 닿는 서점은 파리의 셰익스피어 앤 컴퍼니를 비롯, 동네마다 몇 개씩 있는 작고 오래된 서점들이라고 한다. 어쩐지 찡하고 반가운 소식이다. 재즈네 서점과 뮌헨의 서점은 무사할까? 부디 잘 버텨주기를 바란다. 여전함만 한 위안이 또 없는. 아직은 그런 시절이니까.

마당의 시간

도심의 아파트에서 작은 마당이 있는 집으로 이사 오고 맞는 첫 겨울이었다. 주변이 온통 나무뿐인 집의 겨울 하루는 물속처럼 조용하고 잠잠했다. 어찌나 적막한지, 손에 잡힐 듯한 시간이 마침내 먼지가 되어 내 앞에 한 올 한 올 쌓이는 게 아닐까 그런 상상마저 들곤 했다. 봄부터 와글대던 마당이 꽁꽁 얼어붙고서야 지난 몇 달간 이 소담한 공간이 우리에게 얼마나 대단한 볼거리와 맞춤한 일거리를 제공했는지를 비로소 알게 되었다. 봄이, 꽃이, 새싹이 이렇게 간절할 수도 있는 거로구나. 처음으로 그런 생각을 하다가.

아쉬운 대로 옴폭한 접시에 물을 받아 아이가 며칠 전 마당에서 뽑아온 겨울 무의 꽁지를 앉혀두었다. 심심함에 저지른 일이었는데, 어쩌자고 그 끄트머리에서 꼬물꼬물 싹이 올라오기 시작했다. 쉼 없이 뜀을 뛰고 노래를 부르고 시시각각 울고 웃는 아이 곁에서 무 싹은 내내 말이 없었다. 아이의 자람은 저렇게나 소란하고 손도 많이 가는데 너는 물만 주면 그뿐이구나. 기특하지 않을 수 없었다. 저로서 온전히 고요한 그 모습이 예뻐서 매일 물을 갈아주고 해를 따라 자리를 옮겨주었다.

그러던 어느 아침. 그러기엔 이른 시각이었는데 창가가 유난히 환했다. 평소 햇살과는 다른 무언가가 거기서 반짝이고 있었다. 별. 처음 든 생각은 오직 그거였다. 가느다란 무 싹 끝에 조롱조롱 맺혀 있는 건 별을 닮은 작디작은 꽃이었다. 어머나 너였구나, 네가 거기 있었구나! 아무런 응원도, 기대도 없이 추운 창가에서 혼자 꽃을 다 피웠네. "안녕" 인사하는데 생각지 못한 눈물이 주룩 흘러내렸다. 이 겨울 이 공간 속에서 안간힘을 썼던 게 나뿐만은 아니었다는 친밀감이 그토록 컸던 탓이다. 아, 식물이 주는 이 얌전한 기쁨. 가냘픈 무꽃 덕분에 겨우내 잊을 뻔한 그 기분을 단단히 지켜낼 수 있었다.

몇 년이 지나도록 그날의 환희와 감격은 두고두고 생생하다. 요즘도 작은 감동이 필요할 순간이면 무꽃의 위로를 떠올리곤 한다. 혹은 차가운 마당 아래서 웅크리고 봄을 기다리는 백합 구근이나 매일 조금씩 통통해지는 겨울눈 같은 것들을 떠올리면 그대로 누워버리고 싶던 마음에도 웃샤, 힘이 났다. 그저 수줍고 나긋하기만 한 줄 알았던 꽃나무들이 저렇게 장한 모습으로 겨울을 버틸 줄은 꿈에도 몰랐다. 정말이지, 저렇게나 애를 쓸 줄은.

저들이 기특한 건 그뿐이 아니었다. 마당의 일 년을 되감아보니 신기하게도 마당 화초들에겐 저마다의 때와 속도가 있었다. 누가 일러주지 않아도 순서대로 싹을 틔우고 꽃을 피우고 열매를 맺는다. 재촉한다고 서두르는 법 없고 힘들다고 달아나는 일도 없다.

더구나 그렇게 애써 맺은 꽃과 잎과 열매마저도 때가 되면 놓을 줄도 안다. 그렇지 않으면 겨우내 살아남을 수 없다는 사실을 저들은 봄에도 알고 있었을까?

모든 일이 완벽하게, 꼭 지금 일어나야만 한다고 생각하는 건 사람뿐인지도 모르겠다. 과연 우리는 무엇 때문에 시도 때도 없이 아이에게, 그리고 자기 자신에게 모든 걸, 더 빨리, 더 많이 주고 싶어 하는 걸까? 인공 비료를 쉼 없이 뿌려 크게만 키운 식물은 정말 건강할까? 빠르게 성장하기만 하면 그만일까? 자라는 몸과 머리를 마음이 숫제 따라잡을 시간은 있었을까? 때맞춰 고요해진 무채색 겨울 마당은 어느 계절보다 더 당당하고 홀가분해 보이는데.

아이가 있어 따습고 분주한 집 안과 달리 밖은 아직 차고 그러므로 마당의 릴레이도 잠시 멈추어진 때. 이곳 터줏대감인 벚

나무조차 이제는 말이 없다. 봄꽃과 여름 열매의 사랑스러움은 물론 제 잎새에 다가온 바람 한 점까지도 소르르 소르르, 예쁜 소리를 내며 지나가게 만들어주는 고마운 녀석. 심지어 우리 발치에 떨구어준 마지막 낙엽들마저 넉넉히 아름다워 계절마다 새로운 탄성을 짓게 하던 바로 그 나무다. 혹시 이대로 잠들어버린 게 아닐까 싶어도 속으론 차근히 물 올리고 뿌리 뻗으며 봄맞이 준비를 하고 있겠지. 봄이 오면 앙상한 이 겨울이 다 거짓말인 양 환한 꽃들이 방실방실 피어나겠지. 제비꽃과 민들레를 필두로 마당 릴레이는 다시 시작될 것이다. 바로, 여기. 각자의 자리에서.

그러니 포기하지 말아요.
고집을 부리지도, 초조해하지도 말아요.
이 순간이 지금 내게 건네는 좋은 것들을 놓치지 말아요.
시간만이 약인 시절도 있답니다.

이것이 내가 지난 몇 해 동안 마당 식구들로부터 받은 응원이다. 마당이 주는 여느 기쁨—딸기나 토마토 열매 몇 알, 사진 몇 장—과는 비할 수 없는 귀한 깨달음이기도 하다.

올겨울은 모처럼 겨울다워 반가웠다. 한동안 봄이래도 꼬박 믿을 법한 허약한 겨울만이 휘적휘적 우리를 스칠 뿐이었다. 아이는 가을부터 꺼내둔 썰매를 쓰다듬기만 하다 퉁퉁 부은 볼로 몇 번의 봄을 맞았다. 그런가 하면 올겨울은 맑고 쨍한 대기에 잦은 눈까지 그 역할을 보태어 우리를 설레게 했다. 심지어 봄의 입구, 입춘인 오늘까지도 눈이 많이 내려 뒷산이며 마당이 종일 폭신하니 환했다. 그건 오랜만에 들어온 SNS 속 세상도 마찬가지였다. 조그만 네모 창에 걸린 사진마다 하얀 설경과 뽀얀 웃음들이 가득가득 반짝였다.

오늘도 엄마들은 시린 손을 참아가며 아이들 사진을 찍어주고 옷 젖는 줄도 모른 채 영차영차 썰매를 끌어주었을 것이다. 목도리를 둘러주거나 모자를 씌워주지 않으면 대체 이게 무엇인지 모를, 커다랗고 못생긴 눈사람을 공들여 만들고 이제는 맞으면 꽤 아픈 눈 뭉치도 몇 번이나 달게 맞아주었을 것이다.

그녀들이 많이 웃었기를 진심으로 바랐다. 맵찬 겨울, 종일 육아. 그러나 잠시나마 우리 모두 한마음으로, 아무 근심 없이 즐거웠으니 얼마나 다행인가. 그렇게 생각했다.

마당에 눈이 쌓이고 냇물이 얼고. 모든 게 다 멈춰버린 것 같은 겨울에도 아이는 자란다. 당당히 행복을 고백하는 모습이 가지마다 빼꼼히 고개를 내민 봄눈처럼 단단하고 건강하다. 습관처럼 '아가' 하고 불러보면 곁에 아홉 살 형아가 '응' 하고 대답한다. 그래도 아직은 달큰한 아가 냄새가 나는데, 제법 엄마를 위로하고 포근히 안아줄 줄도 안다. 내 품에서 빨갛게 울기만 하던 까꿍이는 어디로 가고.

창문을 열자 차지 않은 바람이 코끝에 스쳤다. 얼핏 목련 냄새를 맡은 것도 같았다.

"와아, 세상이 온통 하얘."

어느새 다가온 아이가 살며시 손깍지를 껴오며 말했다.

"응, 새봄이 아름다우려나 봐."

그렇게 답했다.

그래. 겨울이 겨울다웠던 만큼, 올봄은 더욱더.

부엌으로 가는 산책

아침마다 부엌에 선다. 어릴 적 엄마의 부엌에서 건너오던 그 살풋한 소리를 떠올리며 나, 그 소리를 참 좋아하던 아이였구나 하는 새삼스러운 생각에 젖어든다. 그때의 엄마처럼 나역시 한결 조심스러운 움직임으로 밤새 잘 마른 식기들을 정리하고 패브릭을 개킨다. 우리 아가 놀라지 말라고, 또 한편으론엄마 여기 있다는 표시인 양.

잠시 서서 창밖으로 연둣빛 계절이 이리 번지고 저리 스미는 것을 바라본다. 책을 뒤적이다 마음에 드는 페이지를 발견하곤 손끝으로 꼭꼭 눌러 모퉁이를 접어둔다. 새날의 볕이 융단처럼 깔린 조리대와 햇살을 투영하는 유리컵의 반짝임을 즐기는 틈새로 커피가 내려지고 밥이 익는다. 하루를 열어내는 감사와 동시에 돌연한 막막함도 얼마쯤. 하지만 식탁 위에는 곧 식기가 놓일 것이고 그 소리가 신호인 양 사랑하는 얼굴들이 하나둘 이곳으로 모일 것이다. 그 다복한 모습을 그려만 보아도 마음이 가라앉는 건, 어떠한 초조와 서늘도 눅잦히는 부엌의 훈김 덕일 테다.

주방엔 볕이 잘 드는 창과 맵시 좋은 커피 머신이 있다. 꽃과 책과 작은 스피커가 있다. 나의 상냥한 부엌 동무들이다. 이들이 있기에 설거지하며 음악을 듣고, 국 끓는 냄비 옆에서 아무렇지 않게 책을 펼친다. 식탁에 앉아 글을 쓰는 엄마 옆에서 아이는 참방참방 '실험'이라 이름 붙은 놀이를 한다. 아무렴, 그럴 수도 있는 거다. 여기도 엄연한 '방'이니 말이다.

요즘은 이 방에 못해도 하루 댓 번은 서는 것 같다. 나야 한 끼쯤 건너뛰어도 그만이지만 한여름 잎새처럼 자라나는 내 곁의 소년은 그렇지가 않은 모양이라. 해를 더할수록 먹는 일에 점점 시큰둥해지는 나와 달리 아이는 그대로 아이다워서, 끼니 때 오기가 무섭게 눈을 빛내며 물어온다. "이제 뭐 먹어요?"

아, 이 얼마나 정직하고 순연한 부름인가.

해서, 지난 몇 달간 가장 많은 시간을 보낸 곳. 그러니까 그만큼의 부대낌과 노고가 추억으로 치환된 곳이 바로 주방이다. 내 손을 거친 자잘한 것들이 아이 볼 속으로 야곰야곰 들어가는 걸 보는 게 좋아서, 수시로 팔을 걷어붙인다. 씻고, 굽고, 끓이고, 치운다. 자연스레 아이 있는 집 특유의 더운 김이 종일 부엌을 맴도는 요즘. 아이가 자라는 소란과 훈기 속에서도 묵묵히 제 할 일을 하는 부엌세간에도 부쩍 더 마음을 써본다.

내 할머니들로부터 나의 엄마, 오늘의 나까지 오래오래 만져온 그릇들과 냄비들, 그 틈에 다문다문 놓인 책과 그림들. 어느 해인가 아이와 만들었던 허브 다발과 드라이 플라워. 눈길, 손길 닿는 곳에 늘 있는 곱고 다정한 것들. 거기서 잠시 목을 축이거나 숨을 몰아쉴 적마다 건네오는 조용한 위로가 그저 고마워서 이 작은 주방에서만 누릴 수 있는 멋과 쓸모에 대해 자꾸만 생각해보게 된다.

그렇게 머릿속에 생각의 섬 몇 개를 동동 띄워놓고 눈짐작, 손짐작으로 차려낸 걸 싹 비운 아이가 엄마, 더 주세요. 엄마 밥 최고! 하고 통통한 엄지손가락을 세워 보일 때면 공부 안 하고 시험 봤는데 만점 맞은 기분이랄까. 별거 아닌데 좋아해주니 그런 으쓱한 기분마저 든다. 언제쯤 내 밑천이 드러날진 모르지만, 사랑 담은 엄마 밥이니까 좋아해줄 거라고 오늘도 호기롭게 믿어나본다.

음, 이건 좀 구식인가 싶기도 한데. 어쨌든 나는 부엌의 온기가 식으면 가정의 정도 식는다고 믿는 사람이다. 가족은 한솥 밥을 먹으며 정을 쌓고 힘도 얻기에 부엌이 구성원 모두에게 소중한 곳이었으면, 하고 힘껏 바란다.

매일 무언가 찰찰 헹궈지고 펄펄 끓는 부엌에서 아이는 쌀이 어떻게 밥이 되고 그릇이 제자리로 들어가는지 지켜본다. 일러주지 않아도 누군가의 노력이 있어야만 밥이 나오고 부엌이 정돈된다는 것쯤은 이제 아이도 잘 알고 있다. 어떤 달걀이 신선한 달걀인지, 이 생선은 어느 바다에서 잘 잡히는지, 이 감자와 저 당근에 묻은 흙의 빛깔은 왜 다른 건지. 부엌에는 이야깃거리도 참 많다.

무엇보다도 아이 밥에는 마음이 담긴다. 아무렇지 않게 밥을 푸고 와락와락 나물을 무칠 때도 엄마라서 갖는 수긋한 마음이 깃든다. 소망보다는 감사로, 솜씨보다는 둥근 정으로. 어디서나 흔히 사 먹는 음식과는 비교 불가. 새겨지는 결이 다르기 때문이다. 하여 엄마 밥상은 재료가 대단치 않아도, 별난 기술이나 화려한 양념이 없어도 오래도록 기억에 남는다. 작은 접시 몇 개 차리고 둘러앉은 소박한 식탁을 내가 이토록 아끼는 이유.

아이는 오늘도 마음과 이야기가 담긴 국과 반찬을 먹는다. 뜨거운 국을 호호 불어먹고 콩나물을 아작아작 씹어 삼킬 것이다. 보고만 있어도 배가 부르다는 말. 그 말을 처음 만든 사람도 아마 이런 마음이었겠지. 단출한 부엌에서 아이는 즐거운 얼굴로 "나도 같이해요!" 말해온다. 녀석, 그 목소리 한번 봄 같네. 찬거리를 꺼내며 그렇게 생각했다.

　이렇게 종일 부엌을 쓰다듬다가도 금세 떠오르는 건 '귀찮은데 주먹밥이나 해 먹을까?' 만들고 치우는 데 너무 애먹지 않는 간단한 요리가 나는 좋다. 이래저래 프로 살림꾼은 못 되지 싶다. 아마 '집콕 육아 시절이 쏘아 올린 근근한 살림러'쯤 되려나 한다.

　육아를 하며 가장 아이러니해진 장소 역시 그러므로 부엌이다. 부엌에서 많은 시간을 보내지만, 정작 요리다운 요리는 엄두조차 내지 못한다. 어느 책에선가 '나는 매일 부엌으로 소풍 간다'는 글귀를 본 기억이 있다. 저자는 오십 대의 주부. 까마득한 선배를 올려다보니 한숨이 나왔다. 이토록 넉넉한 배포와 활기를 언제쯤 가져볼 수 있을까. 아직 부엌은 내 놀이공원이 아니다. 육아가 팔 할인데 부엌일이 즐거운 소풍일 리 있나.

　다만, 나는 부엌으로 산책을 나서고 싶다. 산책은 소풍과 달리 마냥 흥분되고 달뜨는 일은 아니다. 매일 나서는 그 길에는 비가 올 수도 있고, 바람이 불 수도 있다. 축포가 터지듯 재미가 팡팡 터지지도 않는다. 묵묵한 산책길에서 가슴 뛰는 일을 찾기란 쉽지 않다. 하지만 그곳에서라면 나란 사람도 조금쯤 무심하고 무딘 사람이 되는 것만 같아서.

하여, 부엌일이 싫었던 적은 없다. 곤한 날에도 부엌에 서면 미묘한 활력이 돌고 때로 콧노래가 나오며 불쑥 설레는 것이다. 그런 날이면 집 안 구석구석 부드러운 안온이 감돌고 아이는 더 예쁘게 웃는다. 그로 인해 나는 또 얼마나 행복했는지. 그래서인가. 여기에 서면 한때 내 할머니와 엄마의 것이었던 어떤 감정을 현재 시제로 이어받는 듯한 느낌도 든다. 내 안에서 싱싱하게 움트는 대로 붙잡아 아이 그릇에 소복이 담아주고 싶은 것. 줘도 줘도 부족하게만 느껴지는, 그 안타깝고도 연한 마음을.

이 글을 다듬는 지금. 오븐에서는 주먹밥 굽는 고소한 냄새가 솔솔 풍겨온다. 아이는 책 한 쪽 읽다 오븐 한 번 들여다보고, 또 한 쪽 읽다 쪼르르 오븐 앞에서 동동 맴을 돈다. 그런 제 모습이 저도 좀 객쩍었는지 나와 눈이 맞자 벌쭉 웃고는 내 앞에 접시며 젓가락을 밀어놓고 우다다다, 오븐을 향해 달음한다.

"엄마 컴퓨터 꺼요. 일 분 남았어!"

내일은 좀 더 가볍게 부엌을 노닐어볼 참이다. 둘레둘레 한눈도 팔아보고 콧노래도 불러보며. 화창한 날의 산책이 그러하듯이.

팬이에요

누군가의 팬이 아니었던 적이 있었나 싶다. 덕후 기질 농후한 타입답게 인생의 대부분을 누군가 혹은 무언가의 팬으로 살아온 참이다. 세상의 모든 아름다운 것들과 그 창작자들이 주요한 애정의 대상이며 무엇이든 하나에 꽂히면 편애가 완강하다.

열정의 대상은 운명처럼 내게로 왔다. 애써 찾지 않아도 길을 걷다 마주치고 아무렇지 않은 이야기 중에 반짝이거나, 무심히 펼친 책에서 튀어나왔다. 그야말로 한순간 직감하게 되는 것이다. 아, 이거 내 삶에 들어오겠구나.

그렇게 '삶에 들이는 것'이기에 그 대상을 고르는 데 신중하다. 팬이 된다는 것은 기꺼이 내 시간과 기운을 들여 세상의 수

많은 문 가운데 어떤 문 하나를 골라 열고 들어가는 일. 그런 연유로 문 앞에서 망설이다 되돌아온 적도, 빼꼼 열었다가 조용히 닫고 나온 적도 많았다. 신나서 열고 들어간 문을 쾅! 닫고 나오기도 여러 번. 그러다 마주친 어떤 문이 마침내 나와 주파수가 맞는 대상의 것이라면, 신세계가 열렸다.

물론 쉽지만은 않은 일이지만 '팬질'은 즐겁다. 그저 바라보기만 해도 흐뭇한 일. 밀고 당기거나 숨기지 않고, 사랑을 주는 것만으로 더없이 행복한 일. 팬이라는 정체성을 삶에 녹여내는 '덕업일치'는 아름답고도 요원한, 나의 영원한 꿈이었다.

그렇게 평생을 팬으로 살던 내가 엄마가 되었다. 처음엔 잘 몰랐더란다. 퉁퉁 불어 새빨간 아기는 귀엽다기보단 낯설었다. 모유 수유는 험난했고 기저귀 가는 일은 영영 불가능해 보였다. 흥미진진한 책을 이어 읽지 못해 답답했고 손꼽아 기다려 온 연주자의 공연에 가지 못해 화가 났다. 눈물과 한숨 사이를 미친 듯이 오가다 가까스로 정신을 차렸을 때, 나는 이미 헤실헤실 웃는 얼굴로 종일 아이를 바라보고 있었다. 그때 알았다. 내가 이 아이의 팬이 되었구나.

길고 긴 팬질 인생, 부질없지 않았다. 아이에게 좋은 무엇은 못 되어줄지언정 좋은 팬이 되어줄 자신은 있었다. 그건 내가 정말 오랫동안 해온, 세상에서 가장 잘할 수 있는 일이니까.

동그란 얼굴, 순한 눈매, 아기새 같은 지저귐,

어쩜 너는 냄새도 예쁠까.

새순처럼 연한 팔다리,

산들바람에도 쉽게 흩어지는 밤색 머리칼.

아가, 내내 그렇게 반짝여줘.

나는 너의 곁에서 오래오래 너를 응원하며 지켜볼 거야.

너의 좋은 날과 궂은날, 너의 젊음, 너의 사랑.

너의 인생을 여기서 언제까지나 바라볼 거야.

엄마는 너의 팬이야.

팬이니까 같이 울고 같이 웃는다. 소상한 것들도 다 알고 싶다. 팬이니까, 종일 봐도 좋기만 하다. 팬이기에 지적할 건 솔직히 지적하고 눈 감아줄 건 눈 감아주는 아량도 베푼다. 오랫동안 팬으로 살아온 기량을 유감없이 발휘하는 날들이다. 쉽지는 않지만, 생각보다 의연한 내 모습에 스스로 놀라기도 한다. 이런저런 팬질로 단단히 다져진 팬심은 그리 여리지 않은 바, 지칠 땐 잠시 쉬어가면 그만이다. 불행인지 다행인지 요사이는 아무리 둘러보아도 이 아이만큼 마음을 끌어당기는 것이 없어 휴지기가 짧다. 사랑을 주는 것만으로도 행복한데 그보다 더 큰 사랑을 받고 있으니, 이 얼마나 거대한 행운인가.

온 마음을 다해 좋아하는 대상이 있는 사람은 그 자체로 밑천이 든든한 사람이라고 한다. 바라기로는 나 역시 그런 사람이었으면 했다. 평생 끌어안고 살 몇 권의 책이 있다는 것, 그리고 그토록 열망하던 문학을 잠시 배웠다는 사실만으로도 벅차게 기뻤으니까. 다른 건 몰라도 취향이 참 좋아, 하는 칭찬만이 나를 웃게 했으니까.

세상엔 반짝이는 것이 많았다. 개중엔 내게만 호의를 가지고 다가오는 것들도 있었다. 마치 해바라기처럼 그 빛을 좇아 감응하는 일이 내게는 곧 삶이었다. 그렇게 마음 안에 고요히 머물다 이윽고 생활로까지 번져온 것들에만 '취향'이라는 근사한 이름표를 달아주었다. 그리고 그에 마땅한 인과처럼, 취향 생활자로 육아하는 삶에 대한 글을 써야겠다고 한참이나 마음을 먹어오던 참이었다. 감히, '그건 정말 아름답고 지당한 일이거든요.' 그렇게 말하고 싶었다.

그런데 아, 중요한 건 왜 항상 마지막에 모습을 드러내나. 정말 하고 싶은 말은 그 반대였음을 책을 거의 다 써가는 지금에야 알게 되었다. 지난 몇 년간 내게 가장 절절히 와 박힌 것. 삶에는 취향의 적립이나 향유보다 더 중요하고 시급한 것이 있다는 사실 말이다.

그러니까 생명을 품어내고 보듬어내는 일. 그에 따르는 모든 데데한 행위와 소박한 의지들. 크고 작은 미련들. 아팠던 포기들. 아이에게 가장 가까운 어른인 나부터가 아이야, 세상은 아직 이렇게나 다정한 곳이란다. 진심으로 토닥여주기 위해 한 번 더 참아보는 숨. 눈앞의 사소한 일들을 쓱싹쓱싹 해치워나가며 걱정조차 사치로 전락시킬 때의 통쾌함. 도리 없이 무릎이 꺾이고 눈물이 흐를 때마다 조금씩 달라져 있던 풍경들, 마음들.

그렇게 아이를 키우는 틈으로 많은 것이 빠져나갔다고 생각했다. 목숨처럼 아끼고 지새우며 좋아하던 것들은 어느 날 희미해지거나 때론 더 또렷해지기도 한다는 걸 잘 알고 있으면서도. 이제는 그 자리를 겸허와 용기로 채워 넣으면 어떨까 하는 생각을 가져본다. 자기만의 취향이라는, 혹은 안목이라는. 내가 파둔 그 깊고 안락한 굴에 갇혀버리는 대신 내가 모르는 것들과 비어 있는 부분을 더욱 바라보아야 할 때가 아닐지. 그래야만 독선에 사로잡히지 않고, 호기심 어린 시선과 상상하는 일에 인색한 마음의 구두쇠가 되지 않을 테니.

감사하게도 나는 그런 부류의 좋은 어른들을 적잖게 봤다. 책 속에서, 영화 속에서, 그리고 삶에서. 그리고 나 역시 부족하게나마 그들과 비슷한 모습을 아이에게 보여주고 싶어졌다. 자꾸자꾸 내 세상을 넓혀가는 아이 덕분에 취향이란 걸 뛰어넘는, 더 중요한 일이 내게도 생겨버렸다.

만약에, 만약에 내가.

비로소 인생의 희로애락을 조금씩 보고 진정으로 받아들일 수 있게 되었다면, 이 또한 아이와 보낸 사소한 일상의 조각들 덕분이리라. 몸의 영역은 좁아졌지만, 마음의 영역이 넓어졌다. 더 많은 상황과 사람 그리고 내가 꽁꽁 싸매둔 마음의 매듭까지도 언젠가는 공기가 드나들듯 자연스레 받아들일 수 있을 거란 믿음이 생겼다. 이젠 또 어떤 세상눈이 생길지 기다려지기까지 하고.

평범함이야말로 세상에서 가장 담백한 재능이라는 사실도 차츰 알아간다. 밥을 먹고 옷을 입고 집을 나서는. 날 때부터 마냥 그 일을 해온 듯 걱실걱실 매일의 삶을 일구는 세상 모든 이의 모든 하루가 거저 이루어진 것이 아니었음에 뒤늦은 존경심이 들었다. 지금껏 새벽하늘의 북극성이나 가시 돋은 여름 장미 같은 무언가를 사랑해왔지만, 이제는 풀꽃 같은 나의 일상을 가장 좋아하게 되었다. 살아 있는 것을 살아 있게 하는 일. 그보다 아름답고 소중한 일은, 아마 없을 것만 같아서.

여전히 나는 팬으로 산다. 지금의 나는 주부이자 팬이며 내 애정의 주요 대상은 집과 우리 가족이다. 하여 적은 재주로 집 안을 돌보고 상을 차린다. 그 마음을 담은 눈으로 여기의 순간들을 찬찬히 바라보고 기록한다.

최근에는 한 인터뷰에서 재미있는 구절을 봤다. '나는 삼류 배우, 이류 아티스트, 일류 팬이다.' 보자마자 '어, 이거 너무 난데' 싶었다. 그렇다. 나는 여태 살림이 아득하고 수시로 육아가 버거운, '삼류 주부, 이류 엄마, 일류 팬'이다. 아, 이렇게도 말할 수 있겠다. 마침내 '덕업일치'의 꿈을 이루었노라고.

잠 안 오는 밤이면

떠오르는 것들이 별보다 많았다.

그런데 너보다 더 좋은 건 없네.

프루스트의 기억법

좀 우습게 들릴지 모르지만, 나의 오래된 꿈 중엔 '타임머신 갖기'라는 것이 있다. 심지어 에디터님께 '여긴 궁서체로요' 부탁을 드려야 할 만큼 제법 진지한 소망이다. 생일이면 뭘 갖고 싶냐는 남편에게 다른 건 이만 되었으니 타임머신 하나만 만들어줘, 생떼를 부린다. 실현 불가란 말을 모르는 사람처럼, 어쩌면 외계인을 믿는 어린애처럼 여전히 그 꿈을 꾼다.

프루스트의 작품에 자석처럼 끌리는 사람들, 일명 '프루스티안'들이 아마 이런 부류의 사람들 아닐까. 나 역시 어떤 이미지나 냄새, 맛 등이 과거를 되살린다는 걸 막 알아가던 시절에 감각과 경험을 '기억'으로 풍성하게 엮어낸 프루스트에게 매료되었다. 그 무렵 영화 〈마르셀의 여름〉을 본 것 또한 우연은 아니었겠다. 그때 내겐 마르셀이란 이름과 여름은 곧 '프루스트' 란 한 단어로 수렴되곤 했으니까. 물론 영화가 마르셀 '프루스트'가 아닌 프랑스의 또 다른 위대한 작가, 마르셀 '파뇰'의 이야기라는 건 잘 알고 있었다. 프루스트와 파뇰이 같은 시대를 겪었으나 전혀 다른 생을 살았다는 것도. 그러나 작가인 둘에겐 닮은 구석이 있었으니, 조각난 기억들을 섬세한 오감을 통해 멋진 파노라마로 펼쳐냈다는 점에서 그랬다.

영화 속 마르셀은 어린 시절 가족과 산속에서 보낸 여름 방학을 회상한다. 그의 삶에서 가장 아름다웠던 날들이자 어른이 된 그에게 무한한 영감이 되어줄 여름이었다.

아침이면 별장의 창문을 먼저 열겠다고 앞다투어 달리던 마르셀 형제의 마음이 내게 멀지 않다. 생명이 와글와글 자라나는 때, 창가에 서는 건 매일 반복해도 그저 벅차기만 한 일. 창이 열리며 펼쳐지는 푸른 산, 파도처럼 밀려드는 매미 소리, 달콤한 풀 냄새… 우리도 모르는 사이 우리 안에 씨앗을 내리고 자라 언젠가 반드시 피어날 것들은 대개 이러하다. 사소하지만 분명하고 영원할 것만 같아 더욱 애틋하다. 파뇰의 여름 산이나 프루스트의 마들렌처럼. 지난 시간에 속해 있지만 바로 지금으로서 환하게 되살아나곤 하는 것들.

오랜만에 두 마르셀의 작품들을 나란히 오가며 탄복하는 저녁이었다. 기억의 잔상이 이토록 아름다울 수 있다니! 타임머신이란 쇳덩이가 그리도 간절할 일인가. 그런 고심마저 드는 것이었다. 난생처음, 진한 궁서체로.

사푼사푼. 올해도 봄은 고양이처럼 살그머니 걸어왔다. 시절이 하 수상해도 봄은 봄인지라, 부엌 창으로는 연신 아카시아 향과 뻐꾸기 소리가 넘어온다. 저녁나절 비단결 같은 바람에 땀을 말리며 앉아 있던 아이가 그런다.

"아, 냄새 좋다. 우리 여기서 뻐꾸기 소리 들으면서 부침개도 해 먹고 그랬잖아요. 그때 엄마가 이게 아카시아 냄새라고 알려줬어. 저건 뻐꾸기 소리고."

그해는 숲으로 이사한 첫해였다. 처음 겪어보는 소리와 냄새. 대체 이것들이 다 무엇인지, 어디서 오는 건지 아이는 여간 궁금한 게 아니었나 보다. 바로 이 자리에서 과일을 깎거나 요리책을 뒤지다 별 표정도 없이 한마디씩 해줬던 걸 여태 기억하고 있는 걸 보면.

순간 내가 아이에게 계절을 가르쳤구나, 하는 뿌듯한 감격이 들었다. 계절은 언제나 돌아올 것이고 아이의 노트엔 계절마다 새로운 이야기들이 적힐 터이며, 그중 몇몇은 아이 평생에 특별한 무엇으로 간직될 것이다. 그런 계절에 대한 첫 기억을 연 사람이 나라니. 그게 그리 좋아서 손톱 밑이 다 저릿저릿해올 정도였다.

시절은 아이를 닮아 빠르게 자라고 계절은 끝없이 순환한다. 그러니 계절마다 그와 함께 오는 고운 기억이 많은 사람은 얼마나 부요한 사람인가. 시간이 흘러도 뻐꾸기 울고 아카시아 향이 코끝에 스칠 때면 아이는 여기를 떠올리겠지. 숲을 곁에 두고 살아서 다행이란 생각이야 매일 하지만 이날은 유독 그랬다. 나중에, 그러니까 내가 이 세상에 없을 때도 봄이면 저들은 어김없이 돌아와 아이 곁에 있어줄 테니까.

오늘 아이는 땅에서 수박 냄새가 난다며 여름이 가까이 왔다고 했다. 정말 그랬다. 촉촉한 대기에서 따뜻한 흙냄새와 나무 냄새가 났다. 아이의 훗날, 5월의 산 냄새는 아이를 이리로 데려올 테지. 생각하며 창가에 섰다. 아이와 함께 바라보는 계절은 언제나 찬란하고, 추억은 힘이 세다.

앞으로의 나도 크게 달라지진 않을 것이다. 빨리 걷느니 뒤로 걷고, 궁리 대신 몽상하며 살금살금 작은 순간들을 채록하며 살아갈 테지. 하지만 그런 나 자신이 더 이상 답답지 않은 건 황현산 교수님의 말씀 덕이다.

"인간은 재물만 저축하는 것이 아니라 시간도 저축한다. 그날의 기억밖에 없는 삶은 그날 벌어 그날 먹는 삶보다 더 슬프다."

— 황현산, 《밤이 선생이다》

아이 키우는 날들이라고 왜 다를까. 엊그제 옷장을 정리하다 작아진 아이 옷에서 아가용 섬유 유연제 냄새를 맡았다. 동시에 몇 해 전 그 계절이, 그 옷을 입고 놀던 아이 모습이 또렷이 떠올랐다. 온 집 안을 들쑤시고 종일 물장난을 하던 그 아기는 그 후로 몇 해를 더 쑥쑥 자랐다. 그동안 나의 힘듦은 까맣게 잊혔지만, 아가의 어여쁜 모습은 정연한 기억으로 남았다.

문득 한순간 노을빛이나 스치는 표정에 바쳐진 프루스트의 문장들이 떠올랐다. 그가 평생토록 붙잡고자 했던 것. 홍차에 적신 마들렌 한 조각이 쏘아 올린, 결코 머물지 않는 것들의 아름다움을 나 역시 더욱 알아가는지도 모르겠다. 그래, 그렇다면 조금만 더 힘내보자. 한 번 더 웃어주고 한 번 더 안아주자. 기꺼이 그러마, 하고 선선히 다짐했다. 아홉 살의 거침없음도, 맑게 흩어지는 웃음소리도 언젠가는 분명 사무치게 그리워질 테니. 오늘의 아이도 어제의 아이처럼 또 그렇게 나를 스쳐갈 테니.

내게 육아는 생애 가장 먼 기억과 만나는 일임과 동시에 가장 도톰한 기억을 쌓아가는 일이다. 아이를 키우는 오늘의 내가 과거의 나를 하나하나 안아주고 있다는 느낌에 배 속이 다 따뜻해지던 날이 여럿. 저 먼 데서 다정한 눈으로 여기를 돌아보는 흰머리의 나를 본 듯한 기분도 가끔. 그렇게 과거의 나와 지금의 나, 미래의 내가 한 선상 위에 놓인 수평적 존재들임을 단단히 실감하는 매일이다. 거기서 손을 꼭 붙잡고 옹기종기 모인 모든 시절의 '나'들이 너무나 간절한 마음으로 오늘의 나, 주부이자 엄마인 나를 응원하고 있음도 조금씩 깨우친다.

지금 네가 평범한 모습이면 어때. 삶을 아름답게 살아내기엔 조금도 부족하지 않은걸.

내게 다정한 두 마르셀, 프루스트와 파뇰의 근사한 격려를 듣는 날이면 더욱 힘이 났다.

매일 창을 활짝 열어 계절의 향기를 들이는 것, 한 시절이 다 하도록 같은 음반을 걸어두는 것도 결국 내일의 나를 위한 저축이다. 그건 아이가 내 품을 벗어난 어느 날 오늘을 불러내기 위해 꺼내들 비밀스런 나만의 마들렌과 홍차다. 그 찬란함으로 나는 또 몇 해를 살아갈 테니.

매일매일 추억할 땅이 더 넓어지기에 나는 조금 더 행복한 사람이 되어간다. 사방이 모두 낮게 낮게 가라앉아 고요하기만 할 어느 날. 새봄의 잎새처럼 파릇파릇 돋아날 오늘의 바람, 어제의 구름, 내일의 햇살. 이 모두와 웃으며 마주하게 될 그날을 떠올리며 가만 미소 지어본다.

때로는 궁금하다. 어느 계절이 오면 너에게도 그때의 우리

가 찾아올는지. 네가 아직 동그란 뺨을 한 아이였고 내가 젊고
미숙한 엄마였던 그 푸른 날들이.

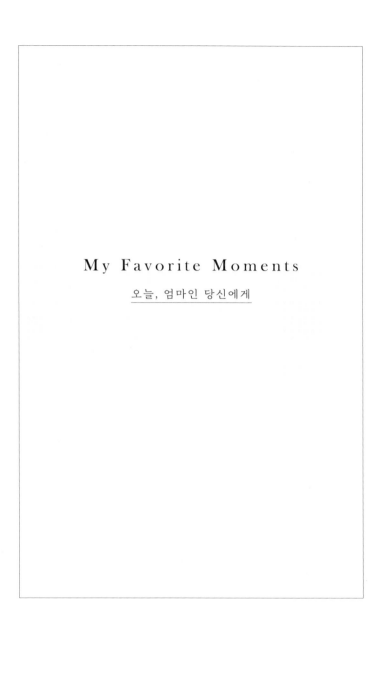

My Favorite Moments

오늘, 엄마인 당신에게

"네가 다른 사람의 행복을 지켜줄 동안
너 자신의 행복은 누가 신경 써주지?"

"좋아하는 것들을 떠올려보면 기분이 나아질 거야."

메리 카사트, 〈모성애〉, 1897

"메리 카사트의 그림 속 그들은
다만 '육아'라는 일을 담담히 해내는 생활인 같다.
후광 찬란한 성모도, 가련한 희생양도 아닌 그저 거기 한 사람.
아이를 돌보는 일에 대해 어떤 편견이나 감정도 드러내지 않는
그 모습이 내겐 오히려 조촐한 위안이었다."

메리 카사트, 〈아이의 목욕〉, 1893

메리 카사트, 〈젊은 엄마의 바느질〉, 1900

라울 뒤피, 〈기선들〉, 1946

"라울 뒤피, 그의 그림에 자주 등장하는 악보나 악기들을 보노라면
달콤한 실내악이 귓가에 감겨드는 듯한 착각에 빠진다.
그러고는 이 사물들은 분명 화가에게 다정한 것들이었을 거야.
생긋한 표정이 되어서는 생각하곤 한다."

라울 뒤피, 〈악기가 있는 실내〉, 1940

"빨래가 말끔히 마를 만큼의 기상 상태,
그걸 웃으며 내걸 만큼의 기분과 여유가
전부 갖춰지는 날은 좀체 드물다.
하여 이런 날엔
세상이 다 반짝 윤이 나는 것 같고
눅졌던 마음마저 보송해진다. 좀 너그러워진달까.

화가가 바라본 오래전 어느 날 위에다
오늘의 우리를 겹쳐본다."

에두아르 마네, 〈빨래〉, 1875

"진솔하고 천진한 앙리 루소의 그림을 마주할 때면
어느새 '맞아, 우리에겐 각자의 향기와 소용이 있지.
그러니 한 사람 한 사람 그 자체로서 이미 프로인 거야' 하며
기분 좋게 고개를 끄덕이게 된다."

앙리 루소, 〈룩셈부르크 정원〉, 1909

"그림 속 부부는 이날을 잊지 못할 테지.
이 기쁨을, 그들의 무릎이 성하고 손바닥이 부드러우며
아이가 막 걷던 날의 찬란함을."

빈센트 반 고흐, 〈첫 걸음마〉, 1890

"칼 라르손, 이 북유럽 화가가 그린
겨울 실내가 어찌나 아늑하게 생동하는지
나는 입춘부터 그 그림들을 보며 겨울을 그리워할 정도니까."

칼 라르손, 〈공부하는 에스뵈른〉, 1912

칼 라르손, 〈휴일의 독서〉, 1916

"단 한 번도 낯선 얼굴을 보인 적 없는 곳
숲에 들어설 때면 오랜 후에라도
이 모습 그대로 우리를 맞아줄 거란 안심이 들었다."

데이비드 호크니, 〈월드게이트 봄의 도착〉(이스트 요크셔), 28, April, 2011

취
향
육
아

초판 1쇄 발행 2022년 02월 05일
초판 2쇄 발행 2022년 02월 15일

지은이 이연진
펴낸이 권미경
기획편집 이소영
마케팅 심지훈, 강소연, 이지수
디자인 어나더페이퍼
펴낸곳 ㈜웨일북
출판등록 2015년 10월 12일 제2015-000316호
주소 서울시 서초구 강남대로95길 9-10, 웨일빌딩 201호
전화 02-322-7187 **팩스** 02-337-8187
메일 sea@whalebook.co.kr **인스타그램** instagram.com/whalebooks

ⓒ 이연진, 2022
ISBN 979-11-92097-10-7 13590

소중한 원고를 보내주세요.
좋은 저자에게서 좋은 책이 나온다는 믿음으로, 항상 진심을 다해 구하겠습니다.